筑坝河流
生态水文效应评估
理论与实践

郭文献 王贵作 张金萍 著

www.waterpub.com.cn

·北京·

内 容 提 要

本书依托国家自然科学基金课题"考虑下游鱼类生境健康的水库生态调度研究"相关研究成果，构建了筑坝河流生态水文效应评估理论框架体系，并以长江水电梯级开发为对象，综合评估水电梯级开发影响下长江干流生态水文效应，并提出水电梯级开发影响下鱼类生态保护修复措施。

本书可供从事生态水利等相关专业的科研和管理人员阅读参考。

图书在版编目（ＣＩＰ）数据

筑坝河流生态水文效应评估理论与实践 / 郭文献，王贵作，张金萍著. -- 北京 ： 中国水利水电出版社，2016.12
　ISBN 978-7-5170-5030-8

　Ⅰ. ①筑… Ⅱ. ①郭… ②王… ③张… Ⅲ. ①筑坝－影响－河流－水文环境－生态效应－研究 Ⅳ. ①X321 ②X524

中国版本图书馆CIP数据核字(2016)第313284号

书　　名	**筑坝河流生态水文效应评估理论与实践** ZHUBA HELIU SHENGTAI SHUIWEN XIAOYING PINGGU LILUN YU SHIJIAN
作　　者	郭文献　王贵作　张金萍　著
出版发行	中国水利水电出版社 （北京市海淀区玉渊潭南路 1 号 D 座　100038） 网址：www. waterpub. com. cn E - mail：sales@waterpub. com. cn 电话：(010) 68367658（营销中心）
经　　售	北京科水图书销售中心（零售） 电话：(010) 88383994、63202643、68545874 全国各地新华书店和相关出版物销售网点
排　　版	中国水利水电出版社微机排版中心
印　　刷	北京九州迅驰传媒文化有限公司
规　　格	184mm×260mm　16 开本　9.25 印张　219 千字
版　　次	2016 年 12 月第 1 版　2016 年 12 月第 1 次印刷
定　　价	**46.00 元**

凡购买我社图书，如有缺页、倒页、脱页的，本社营销中心负责调换

版权所有·侵权必究

前　言

水电梯级开发在带来巨大经济效益的同时，势必会对流域生态环境带来一定影响，而这种影响又不同于单个水电工程对生态环境产生的影响，梯级开发背景下，水电站空间布局较为密集，具有长期和协同作用的特点，对生态环境会产生累积影响。水电工程建设改变了河流原有的物质场、能量场、化学场和生物场，进而改变河流生态系统的物种构成、栖息地分布以及相应的生态功能。当生境条件的改变超过生物自我调节恢复能力时候，物种将面临衰退、濒危和绝迹的威胁，影响生态系统健康。已有研究表明，近百年来，水电工程建设是造成全球鱼类生物遭受灭绝、威胁或濒危的主要原因。

水电梯级开发引起的河流生态问题已逐渐引起了各国政府和科学家的重视，为了减轻大坝对河流生态系统的不利影响，国内外开展了大量相关研究，研究表明，大坝对于河流生态系统的负面影响，可以通过工程措施、生物措施和管理措施在一定程度上避免、减轻或补偿。

根据《长江流域综合利用规划》，长江上游规划建设的装机容量 300MW以上的大型水电站有 80 余座，1000MW 以上的水电站有 48 座，总装机容量超过 15 万 MW。金沙江水电基地、雅砻江水电基地、大渡河水电基地、乌江水电基地和长江上游水电基地，这 5 个水电基地处在长江上游地区。随着一大批大型水电站的近期开工建设，尤其是 2009 年年底三峡工程建成发电，以三峡工程为骨干的长江上游干支流梯级水电站群已初步形成规模。长江干流水电梯级开发建设在改变河流水文情势同时，必将对长江河流生态系统产生重要影响。

本书依据国家自然基金课题"考虑下游鱼类生境健康的水库生态调度研究"，构建筑坝河流生态水文效应评估理论与框架体系，以长江干流水电梯级开发为对象，综合分析了长江干流水电梯级开发对河流生态水文改变程度，定量评估了长江干流河道生态流量，提出了长江鱼类生态保护修复措施。

本书在编写过程中得到了众多人士的帮助和支持。感谢华北水利水电大学徐建新教授、中国水利水电科学研究院肖卫华教授级高级工程师在本书编写过程中给予的指导和帮助。此外，华北水利水电大学硕士研究生张陵、党晓菲、王艳芳、郭科、张爱民参与了本书部分编写工作。编写过程中参考和引用了国内外专家和学者的大量文献资料，在此向他们表示感谢！同时，中国水利水电出版社给予了大力支持，并提出了宝贵意见，在此表示感谢！

本书研究工作得到了国家自然科学基金"考虑下游鱼类生境健康的水库生态调度研究"（51209091）、"水电梯级开发对长江中游重要鱼类生境累积效应及调控机制研究"（51679090）和河南省高校科技创新人才支持计划"梯级水库群多尺度多目标生态调控模型与方法研究"（16HASTIT024）联合资助。

由于作者水平所限，本书难免存在不足之处，恳请各位读者给予批评指正。

作者

2016 年 10 月

目 录

第1章 绪 论

1.1 研究背景及意义

河流系统是地球上的主动脉,在维系地球的水循环、气候变化、能量平衡和生态发展中发挥着举足轻重的作用。河流系统,作为一种特殊的系统,以其丰富的水资源哺育着世间万物,保障着人类和一切生物的生存,还为人们提供了发电、休闲、运输、饮食等诸多服务功能,河流系统保护的完整与否,也深刻影响着人类文明社会的进步和国民经济的可持续发展。

水利工程具有防洪、发电、航运、灌溉以及工农业供水等重大效益,为了满足效益最优化、利益互补化,在水能资源丰富的大中型河流上实施的梯级开发更是实现了上下游多级梯级电站"流域-梯级-滚动"开发模式的综合效益,充分发挥水能资源安全、清洁、经济及可持续再生的优势[1]。世界范围内大的水系几乎都被改造成梯级水库群,如南美洲的巴拉那河、北美洲的哥伦比亚河、欧洲的伏尔加河、亚洲的安加拉河、非洲的赞比西河等,1997 年的世界大坝学会统计数据表明,世界范围内处于运行中的大中型水库共有 3.6万座,直到 2003 年,数据增至 4.97 万座,中国大坝总数位居第一,约占 52%[2]。但是,梯级开发空间布局的密集分布具有的长期协同作用,也在促进经济增长的同时,对生态效益产生了长期、潜在的不利影响,河流的天然水文循环体系被人为地打破,引起的一系列复杂的协同反应改变了河流天然生态系统的物理、能量和生物结构,造成河流水生态系统恶化、河道生境破碎化、河川径流减少甚至断流、湿地功能退化、水体污染、泥沙淤积等生态问题。

梯级水电开发改变了河流径流时空格局,河流水文特征、河流地质条件、水温、水质、泥沙、营养物以及水力学特征等水环境也随之调整,进而导致河流中赖以生存的生物群落结构、栖息地以及生活习性因不能满足其生态需求而产生重大的变化。鱼类作为最古老的脊椎动物之一,对水环境的识别能力和敏感度较高,通常当作指示物种来体现外界对水环境的影响[3]。梯级水库的多影响因子叠加起来会对生态环境产生巨大的累积效应[4,5],其对鱼类产生的影响主要体现在三个方面:①水文情势改变。原有连续的河段被大坝分割成多个河道型水库,天然河段大量减少或消失,改变了河流原有的水文地质条件,上游河段的水位、流速和流量的周年变化幅度降低,大部分时间将变成静水或缓流环境,坝前库区出现水温分层、底层缺氧甚至无氧的几率较高,下泄水水温过低及下泄水体氮气过饱和等现象[6],喜静水或缓流水鱼类增加,喜急流鱼类减少,进而引起鱼类群落结构的改变。②坝体阻隔。大坝对鱼类的阻隔即大坝对生物及非生物生态通道的阻隔,一方面封闭鱼类溯河和降河洄游通道,增加鱼类洄游时间;另一方面破坏了河流纵向、横向的物质交换和能量流动以及水文过程连续性,并且分割生境和阻隔鱼类的程度随坝体数量的增加而增加[7]。大坝的阻隔还可能导致鱼类种群的遗传多样性降低，种群灭绝的可能性增加。③栖息地淹没。梯级开发造成大面积淹没区，进一步分割并压缩河流鱼类的生境，对鱼类产生叠加的负面影响。一些天然河段分布有大量的鱼类产卵场、索饵场和越冬场。梯级开发后，由于回水淹没和水文、底质条件改变，这些鱼类的"三场"会受到不同程度的影响[8]。

在河流开发的同时提出河流生态环境健康的保护措施，是维护河流的可持续开发性的必要条件。当今，追求"人水和谐"，维护河流生态健康已毅然成为治理江河流域的新航标，是未来水利发展的必然要求。水利枢纽建成运行后，直接改变了河道径流的时空分配格局，间接引起下游的水质、水温、地貌、输沙量、水文特征、水文条件、水力学要素等生态条件发生变化，因此研究这些要素的变化规律是首要任务，这也是研究筑坝河流生态水文效应的基础依据。

我国河流梯级水电开发近年来蓬勃发展，开发利用水能资源成为我国能源发展的重大举措。我国水能资源蕴藏量高达 6.8 亿 kW，技术可开发容量为 5.4 亿 kW[9]，主要集中分布在中西部水量充沛、河道落差较大的大中型河流上，其中长江及其主要一级支流、黄河干流和怒江干流等装机容量占全国可开发总量的 60%[10]，仅长江流域可开发容量占全国可开发总量的 53.4%[11]，其中长江上游可开发水资源就占全流域的 89.4%[12]。截至2012 年，我国的水资源开发利用程度仅为 25%，与发达国家 50%～70% 的利用程度相比水平较低。然而，科技水平的不断提高，促使我国的水利水电建设事业不断飞速发展，已建、在建和规划了大量的水库，名扬全球的三峡水利枢纽工程是目前世界上最为宏大的水利建设项目。近年来，随着河流天然生态环境的不断恶化和人们对环保观念的不断增强，人们逐渐意识到水资源过度利用引起的河流生态问题，水利工程的建设破坏生态环境的问题也变得日趋激烈。同时也引起了全社会的广泛关注，已然成为我国目前必须面对的一个重大课题。

长江是我国的第一大河，水利工程对河流环境的影响是缓慢的、潜在的、长期的和极其复杂的，并且往往是与其他人类活动共同长期作用的结果。目前，长江流域上的大型水利枢纽建设正处于蓬勃发展时期，从早期的三峡工程到如今的南水北调工程，一大批的水利工程在长江流域这条大动脉上相继兴建。长江上游同样面临着需要向经济、社会和生态效益最优化的可持续发展的原则转变。长江上游宜宾至重庆段是整个长江经济带上一个尚未进行综合开发的区域，上接金沙江四级梯级开发，即乌东德、白鹤滩、溪洛渡和向家坝四座水电站，下接三峡、葛洲坝两座水电站，具有承上启下的战略地位。同时，该干流江段位于长江上游珍稀特有鱼类国家级自然保护区，生物多样性备受保护，梯级水电开发可能会进一步改变鱼类资源以及影响其遗传多样性，进而影响河流生态系统的健康和稳定[13]。长江流域水电梯级开发势必在一定程度上改变着长江流域的生态系统，对该流域中水生生物的生存环境造成了影响，对水生生物资源的生态学效应是缓慢且长期的，长江生态系统的破坏对水生物种群资源的长期影响，将威胁中华民族的生存和长期发展。因此分析和研究水利工程对河流水文情势和生态系统的影响，恢复或改善被破坏的河流生态系统，以维持良好的生态系统环境和保障生物资源永续利用，具有重要的实际应用价值和现实意义。

1.2 国内外研究现状

1.2.1 河流生态水文理论

20世纪中后期，生态水文学理论的发展达到巅峰，在河流生态学研究中不断提出一系列新的概念和理论，从不同角度理解了河流生态水文学的理论框架，这些理论的发展奠定了河流生态水文的坚实基础。下文着重介绍几种国外对河流生态系统研究的概念模型。

1954年，Huet Illies 等[14]提出了地带性的概念（Zonation Concept，ZC），是描述河流生态系统完整性的第一次尝试。地带性概念描述了河流的划分情况，即按照鱼类种群或大型无脊椎动物种群特征将其分为不同区域，不同的分区反映了水体不同的温度和流量对水生生物的影响。

1980年，Vannote[15]提出了河流连续体的概念（River Continuum Concept，RCC），描述了河流从发源口到入海口之间，整个河流长度内的生物群落整体性结构特征和功能，是对河流生态学理论的一大发展，影响颇深。该理论指出在自然水系中，河流的每个角落都有生物群落的存在，且它们沿河流的流向在发生着变化，构成时空连续体。同时描述了整条河流水力梯度的连续性；分析了各个河段水文、水力条件的变化引起的生物生产力的变化；介绍了不同颗粒级配有机物质的运输、遮阴效应影响以及河流底质组成对食物网的影响等。河流连续体概念强调河流沿纵向的变化，忽视了河道与基底、高地和洪泛区之间的联系和功能。

由于大坝的建设，威胁到河流上下游生态系统的结构和功能，日积月累导致其从根本上发生变化，严重者更导致河流生态系统的中断，在此理念之上，1983年Ward[16]提出了串连非连续体的概念（Serial Discontinuity Concept，SDC），主旨在于强调梯级布置的大坝对河流生态系统的影响。串连非连续体概念设定了两组参数来评价大坝工程对河流生态系统的影响，并强调了大坝工程对其结构和功能的改变。其中一组参数命名为"非连续性距离"，另外一组称为强度参数（intensity），反映了人工调蓄水量的行为对河流生态系统造成影响的强烈程度。随后，该理论得到了进一步的发展和应用。

1986年，Frissel 等[17]提出了流域的概念（Catchment Concepts，CC），意在考虑河流与整个流域时空尺度的关系，在之前的理论研究中增加了流域时空尺度的内容，最后强调并建议了河流栖息地的分级框架，包括河道、池塘、浅滩和小型栖息地之间的分级。

1989年，Junk[18]提出了洪水脉冲的概念（Flood Pulse Concept，FPC），文中强调了洪水脉冲是洪水对河道和洪水滩区生态系统中生物生存、发展和相互作用的主导力量。从而成为了河流生态学理论上的一项重大突破，在为以后河流规划整治项目和河流生态修复的工作中起到了举足轻重的作用，解决了相关领域中的不少难题。

各国学者在不断实地观测验证河流连续体理论的同时，也不断对其补充和完善。Ward[19]提出了将河流生态系统由纵向连续扩展到四维系统，分别为垂向、横向、纵向和时间，其中垂向是指河道至基底，横向指洪泛区至高地，纵向指上游至下游；时间指每个方向随时间的变化分量，详细地说明了河流生态系统与流域之间的相互作用，并着重指出要把河流生态系统的开放性、连续性和完整性作为以后研究工作的重点。使RCC后来成为河流生态学中一个具有深远影响的理论，为广大学者对河流生态理论的研究提供了深厚的理论支撑。

1997 年，Poff[20] 提出了自然水流范式的概念（Nature Flow Paradigm，NFP），强调了未被干扰状态下自然水流的重要地位，其对河流生态系统的完整性和原有生物多样性具有关键意义。Poff 认为动态的水流条件对河流的泥沙运动和营养物质运输产生重要影响，自然水流的关键非生命变量表示为：水量、频率、时间、持续时间和过程变化率，认为可以利用这些因子之间的相互关系来得以描述整个水文过程。在河流生态修复工程中，可以将未受干扰下的天然流水文参数作为生态修复的参照[21]。

此外，还有一些在河流生态学研究中极为重要的概念：营养螺旋的概念（Resource Spiraling Concept，RSC）[22]，河流水力的概念（Stream Hydraulics Concept，SHC）[23]，河流生产力模型的概念（Riverine Productivity Model，RPM）[24]，近岸保持力的概念（Inshore Retentivity Concept，IRC）[25]，地带分布的概念（Zonation Concept，ZC）[26] 等。

但值得说明的是，上述的概念模型尚存在些许不完美。生态系统是一个由各个生态要素综合作用的整体，各生态要素不可能独立存在，它们之间的作用是相互交融的。同时生境要素也会产生多种综合效应，并且与各生物因子相互作用。以上介绍的几种概念模型是将生态环境要素与生态系统的结构和功能之间的关系作为研究前提，体现了河流生态系统的局部特征，而未能从综合性和整体性角度将生态系统的综合特征充分显现出来。

为了弥补现存模型的不足，2008 年董哲仁[27] 提出了"河流生态系统结构功能整体模型"（Holistic Concept Model for the Structure and Function of River Ecosystems，HCM）。"整体模型"创建了河流水流流势、水文情势、地貌景观这三大类生态环境因子与河流生态系统的结构和功能之间的相关联系。强调了河流生态系统各个组成之间的相互关系，也包括与结构关系相对应的物质循环、生物生产、信息流动等生态系统功能特征。这也是我国学者对河流生态系统的一项伟大创新，但其实际应用价值还有待进一步考究。

1.2.2　河流生态水文研究方法

1.2.2.1　水沙情势分析方法

河流水沙情势变化特征主要有趋势性、周期性、突变性等，常用的水沙序列趋势识别方法有线性趋势法、Mann-Kendall 秩次相关检验法、滑动 T 法等；周期性分析方法目前主要有小波分析法；突变性分析方法比较多，如过程线法、有序聚类分析法、Mann-Kendall 法、F 检验法、R/S 分析法、信息熵分析法、小波分析法等。桑燕芳等根据水文时间序列的研究进展，将水文时间序列分析方法分为 6 种，包括序列相关性法、水文频率法、模糊法、混沌理论法、信息熵法和小波分析法[28]。

小波分析法方法可以通过多尺度变化对信号或者时间序列进行粗细不等的多分辨分析，广泛应用于水沙时间序列趋势性、周期性、突变性等特征分析上。Gauchere[29] 利用小波变换的时、频局部特性并结合其他径流时间变异参数对法国 9 个流域的特征进行分析与分类。Nakken[30] 将小波变换应用到降水、径流以及降水-径流关系的时间变异研究。国内学者陈杰等[31] 运用 Monte-Carlo 模拟试验研究了小波多分辨率功能的趋势识别能力，并认为在趋势分析前应剔除时间序列中的伪周期及不合理的突变点。姚阿漫等[32] 运用

Db3 小波对石羊河流域的径流序列进行消噪处理并识别其趋势成分。桑燕芳等[33]分别对小波函数选择、小波阈值消噪等问题进行分析。李正最等[34]运用小波分析法研究了洞庭湖出入湖的径流和输沙量的多时间尺度变化特征，并探讨了洞庭湖区域水沙变化可能带来的影响。李艳玲等[35]将小波理论引入径流序列的变异点诊断，对 Morlet 小波系数的过零点进行证明和检验，确定其真实突变点。吴创收等[36]采用小波分析法对珠江流域的入海水沙通量和降雨变化特征进行分析，并认为两者的变化周期在年代际和年际间都具有较好的关联性。丁文荣等[37]将小波分析用于红河支流盘龙河上的河流输沙率规律研究。姜世中等[38]对龙川江年输沙率时间序列进行了小波特征分析研究。

1.2.2.2 河流环境流量计算方法

环境流量是近年来生态修复和水资源评价领域的研究热点，涉及众多生态系统类型。环境流量最早源于 20 世纪后期，西方国家是在维护河流生态系统的健康，追求人类与河流以及赖以生存的生物种群合理利用水资源的过程中提出的[39]。由于环境流量的研究涉及较广，目前还没有一个统一的定义，国内外对环境流量的定义和计算方法也不尽相同。Dyson M 和 Bergkamp G 等[40,41]在总结了国内外学者的大量研究的基础上提出：环境流量是河流在用水矛盾的情况下为维持不同用水部门及生态系统之间利益的平衡，保证河流生态系统健康发展，河流生态功能得以恢复的一种水文情势过程。美国认为环境流量是指用于满足鱼类、野生生物、娱乐、运动、休闲旅游及具有美学价值的形式的水资源需求[42]。国内则认为环境流量是指维持水质、水量、生态稳定及环境优化的水资源需求。

环境流量计算方法主要分为两个阶段：一是用于流域规划、调查阶段，该阶段简单、方便的水文学法运用较多；二是用于流域综合评定阶段，该阶段生境模拟法以及整体分析法应用较为广泛[43]。

至今为止，世界上的环境流量计算方法约有 207 种，涉及 44 个不同国家[44]。国外研究大致分为 4 类：生态水文学法、水力学法、生境模拟法以及整体分析法。生态水文学法包括蒙大拿法（又称 Tennant 法）、7Q10 法、Texas 法、RVA 法等；水力学法包括水力湿周法、R2CROSS 法、CASMIR 法等；生境模拟法包括物理栖息地模拟法、IFM 法、RCHARC 法、PHABSM 法、Basque 法等；整体分析法包括南非的 BBM（Building Block Methodology）法和澳大利亚的整体评价法（Holistic Approach）等[45]。国内研究大致分为 5 类，即河流基流计算法、栖息地生态平衡法、水质保证法、蒸发和渗漏消耗保证法、景观基流维持法等，其中河流基流计算法应用最为广泛，包括逐月频率法、逐月最小生态径流法、最小月平均流量法等[46]。

1.2.3 筑坝河流生态水文效应

在生态水文研究领域，人类作为自然的载体，一方面利用着自然，另一方面却在破坏着自然环境。人类对河流的改造引起的流域内生态系统的变化正是该研究的一项主要内容。20 世纪 50 年代以来，人类在关于水利、农业、畜牧、林业生产、矿产开发、城市发展、旅游等的土地利用活动中，对河流生态系统的不利影响趋于严重，有的甚至破坏了河流自身的结构和功能，更有不少影响大大超出了河流自身的调控能力。人类活动对河流的改造，可以称得上是多目标、全方位、大规模、高频次的了。我国作为一个农业大国，大面积的农业活动不可避免的要对生态环境造成一系列破坏，例如水环境恶化、洪涝灾害频繁、生物物种灭绝等严重情况。这些危害最终将造成严重的生态问题和社会问题，因此对自然功能的开发和利用必须是合理的、科学的、有限度的，最关键的是不能影响河流的生态安全，因此必须对河流的自然功能予以保护。

美国有研究表明[47]，当防渗层的比例达到 10％时，则可能引起河流的生态环境恶化，且恶化程度会依据防渗层面积的加大而加重。在城市地区，洪涝灾害的重现频率加大，而且每次的洪水总量也会逐步增多。王东胜等[48]认为农业活动也造成了河流的生态系统破坏，农业的耕种选址往往考虑在河流阶地和河岸带上，从而对天然植被造成了直接破坏，影响了河流的河岸带生态子系统的结构和功能。这样不可避免地导致了水土流失，水体污染加剧，河岸侵蚀严重，破坏河流生物栖息地等不利现象发生。

本书研究的主要内容是重大水利工程对河流生态系统的影响，下面主要阐述的是水利工程对其的影响。

1.2.3.1　国外研究进展

早在 20 世纪初的 30 年，美国陆军在哥伦比亚河下游建造了 8 座梯级水电站，以此来保持鱼类洄游通道畅通[49]。20 世纪 40 年代，正是由于人们对水资源的开发利用程度加大和水利工程建设的增多，美国资源管理部开始将鱼类产卵场萎缩的现象作为关注的重点和焦点。美国鱼类和野生动物保护协会做了许多关于河流生态要素变化对鱼类产卵、繁殖等相互联系的研究，着重声明了河道流量作为生态环境要素的重要性[50]。

Poff 等[51]提出流量的改变对河流流态的日益影响是下游生态环境逐步恶化的根本原因，同时还认为湿地、沼泽、河流、河岸生态系统的结构、组成和功能在很大程度上是依赖于生态水文特性的。随后，大量有关于水利工程建设前后生态水文要素变化的分析和研究开始逐步展开。Ward 进一步定义了河流生态系统的结构，他指出河流生态系统的结构是四维的，分别是纵向、横向、垂向和沿时间变化的尺度，同时还指出河流生态系统是开放的、动态的系统[19]。

20 世纪 70 年代后，加拿大特别重视调水工程对天然生态环境影响的研究、评价和预测。澳大利亚、南非、法国等国家也相继开展了关于河道径流改变对鱼类产卵、生长、产量影响的研究，并提出河流生态流量的概念，也产生了许多计算和评价方法。同时，创立了流速、流量和其他水生生物之间的关系，比如鲑鱼[52]。1978 年美国大坝委员会环境影响分会出版的《大坝的环境效应》（Environmental Effects of Large Dams），归纳了 20 世纪 40—70 年代之间大坝对生态环境改变的研究成果，其中不仅包括大坝对水体物理化学性质、水生生物个体、种群结构和数量、河道形态的变化，还包括大坝的经济和社会效益的影响[53]。

Poff 等[54]提出大坝建设造成的河道水流情势改变是影响河流生态系统可持续发展的重要原因也是根本原因，执此基础之上，在 4 个方面对改变的河道水流情势如何对水生生物多样性的影响进行分析和研究，主要包括生物栖息地的改变、生物繁殖和生长的影响、河流生态系统结构的纵向和横向连续性的破坏、外来生物入侵。

Petts[55]和 Berkam P. G[56]系统的将水利工程对河流生态系统的影响归结为 3 个等级结构：第一等级是大坝蓄水后能量流动、河流水文、水量、水力、水质和物质对河流下游河道的变化；第二等级是河道结构的影响，如河道形态、河道底质构成和河流生态系统在水生生群落结构、栖息地形态方面的结构和功能；第三等级是综合体现了第一和第二等级影响对生物种群引起的变化，主要包括了无脊椎动物、鱼类、鸟类、哺乳动物。它直接取决于河流生态环境的健康程度。

自 20 世纪 90 年代，随着全球生态环境问题的日益严重，水资源与生态环境相关的研究已然成为全球关注的热点，明确提出生态需水的概念。随着我国遥感技术（RS）、地理信息系统（GIS）、专家系统（ES）和计算机技术的飞速发展，这些技术被更多地运用到水利工程的生态效应研究上，并成为了该方面研究的发展趋势。

可见，国外在筑坝对河流生态效应的影响研究中，主要集中于大坝的建设对下游河流的水文情势、景观、生态效应和对水生生物物种多样性的影响研究，以及为维护水生生态系统的完整性制定的可持续生态流保护与生态系统恢复的方案，但研究的热点大多集中在大坝对河流水文情势的影响分析，这充分说明了河流水流效应对河流生态系统的决定性地位，也恰恰指向了本研究的主要研究内容。

1.2.3.2 国内研究进展

我国关于大坝对河流生态水文效应的研究展开的比较晚，前期的理论与技术都不是很成熟，但通过多年的前期预测和后期调查的实践经验，已逐步明确了水利工程建设可能对流域生态系统造成巨大的影响，并建立了多种影响预测模型进行分析研究。如今我国对河流生态水文影响方向的研究是以对生态造成的影响为研究根基的，一般是以人类活动对流域引起的生态变化为表现形式，但由于大坝的建设是人类活动对河流的影响最显著也最严重的，所以多数研究还是以大坝为研究重点，多以大坝的蓄水运行后对下游河流的水生生物的群落结构、物种多样性、种群丰度等在不同时空尺度上的生态效应变化为表现形式。

早期的大坝建设技术虽然不是很成熟，但我国早在 20 世纪 50 年代起就对大坝工程引起的河流生态环境改变相当重视。三峡水利枢纽在建设之前，就开始对该工程项目进行可行性研究评价，包括相关的地理、土壤、地质、水文、水生生物、鱼类资源、湖区环境等，积累了大量的基础资料[57]。由于大坝的影响是在长期、缓慢的运行之后才会显现出来的，且其影响是潜在又极其复杂的，因此要注重大坝建成后对河流生态系统的影响，并通过建坝后与建坝前的水温变化、沙量变化以及河流径流过程的变化，揭示它们之间的内在关系，并找出其中的决定性因素，加以控制和运用才能为人类所用，达到调控河流到近似天然河流的目的。

余志堂等[58]指出，丹江口水利工程运行后，引起下游河道水体温度下降，使得新生鱼群发育不良，同时致使鱼类产卵的时间推迟约半个月。1999 年，常剑波[59]在对葛洲坝水利工程的研究中指出，水库蓄水运行后，中华鲟的洄游通道被阻断，尽管现在能够在坝下江段自然繁殖，但现存产卵场的面积还不足历史产卵场的 3%，且适宜的产卵条件已不尽相同，中华鲟尾数已明显下降。2001 年，张春光等[60]对水利工程引起长江胭脂鱼种群变化进行了分析和研究，指出三峡-葛洲坝梯级水库对胭脂鱼的洄游路径造成了阻隔，严重影响其繁殖和生长，导致长江上游胭脂鱼资源量的急速下降。2004 年，孙宗凤等[61]从正面影响和负面影响分别研究了大坝工程对河流生态环境的改变，创建了层次结构和生态效应分析模型，运用模糊数学法针对大坝工程引起的生态环境改变进行了全面且深入的研究。

2005 年，毛战坡等[62]综述了大坝建设对河流的生态效应，从 5 个方面具体分析了大坝的建设对对流生态系统的影响，分别为：河流生态水文要素、河流生态系统结构和功能以及河流生态系统的修复措施。2006 年，姚维科等[63]对国内外的大坝生态效应进行了概述，并提出了大坝生态效应链和生态效应网的概念，最后总结了大坝生态效应的研究热点并作以展望。2007 年，马颖[64]从生态水文学角度，分析了长江干流上的几座大型水利枢纽工程对所控江段生态水文条件的影响程度。

2009 年，郭文献等[65]对三峡梯级水库进行了河流生态水文情势分析，采用了 Mann-Kendall 非参数秩次相关检验法（简称 M-K 法）、复 Morlet 小波分析法变化范围法等，对三峡-葛洲坝梯级水库运行后坝下河流生态水文条件的影响进行综合且深入的分析和研究。认为葛洲坝的蓄水活动下游河流的水文情势的影响巨大，对长江中下游河流生态环境维护和水生生物的生存构成了长远威胁。

2011 年，陈栋为等[66]应用 RVA 法分析了水利工程的不同开发等级对河流生态水文情势的影响，以东江流域三大水库的控制河流为研究对象，根据东江水利开发的利用程度变化划分为 4 个研究阶段，对其水文情势变化进行了详细的分析和评价。

2012 年，张鑫等[67]采用 IHA 法对伊河陆浑水库的河流水文情势影响进行了分析和评价，结果说明了陆浑水库对伊河天然径流过程的改变不大，而放水较少是造成高低流量脉冲平均历时变化的主要原因。

2013 年，巩琳琳等[68]以刘家峡水库为例研究了水库调度对水文情势的定量影响，以及其累积效果和影响程度。基于下游与生态有关的水文情势对水库不同运行方式的响应关系，采用水文变异法，建立防洪模拟模型、发电模拟模型、供水模拟模型进行模拟研究分析，最后提出水库调蓄洪水的行径是下游河流水文条件改变的重要原因。

综观我国学者在水利枢纽工程的生态影响研究，多为水利工程对河流水文情势的影响，缺乏对河流生态效应、水生生物种群资源、生物多样性、河流生态系统结构和功能以及河流生态系统具体修复措施的研究。水利工程建设与运行过程中需要结合重点生态保护因素，以确保连续性和稳定性的生态过程，但本阶段，相关的研究少之又少。因此还有很多方面需要进一步深入研究。

1.2.4　筑坝河流鱼类生态保护实践

水利工程对鱼类的负面影响已逐渐引起了各界科学家和各国政府的重视，国内外的研究和实践表明，可以通过工程措施、非工程措施等在一定程度上减缓或减免梯级开发对鱼类的不利影响[69]。

河流梯级开发下的鱼类保护是一项多部门、多效益的系统工程，涉及水利、水电、环保、渔业等众多部门，国外河流从先破坏后治理逐渐走向开发与保护并重，实现从河流开发规划到鱼类保护措施制定-实施-监测-评价-调整为一体的保护模式。欧洲、北美等国家的河流梯级开发利用较早，在 20 世纪 60 年代的高峰期后放慢了开发速度，基本上完成了水利水电工程建设阶段，逐步进入优化运行管理和生态修复阶段，注重开发与生态保护并举。为了减缓梯级开发对鱼类产生的不利影响，美国大多数河流在梯级开发规划阶段进行环境影响评价，将对鱼类的影响作为选择方案的一个因素，并提出相应的鱼类保护措施，欧洲的鱼道建设也有 300 年的历史，积累了丰富的关于鱼类保护的理论与实践经验。

国外河流的保护对象多为河海洄游型鱼类，梯级开发过程中采用低水头、径流式水电站会降低对鱼类的影响，效果显著的措施主要包括改善栖息地、综合过鱼设施、增殖放流、生态补偿、掠食者管理、替代生境、改进大坝运行方式和加强监测控制等。在 1988 年确立的《濒危物种保护法》的指导下，美国国家海洋渔业局、美国鱼类和野生生物保护局对哥伦比亚河鱼类的生态需求、梯级开发带来的负面影响和已有措施进行了深入的分析与评价，逐渐完善调整形成哥伦比亚河鲑鱼计划，旨在保护哥伦比亚河干流及其支流斯内克河下游的 8 个梯级 461km 范围内的鲑鱼、鲟鱼、美洲西鲱、胡瓜鱼、七鳃鳗等 5 种洄游性鱼类，梯级各设鱼道两座共 16 座以便维持鲑鱼、虹鳟等鱼类的洄游通道，其他类型鱼类也可以通过，7 座设有幼鱼旁路系统，通过 SIMPAS 模拟过鱼通道模型分配不同过鱼路径过鱼率。20 世纪 30 年代莱茵河有 52 个鱼种，至 60 年代末只剩 29 种。1986 年，保护莱茵河国际委员会（ICPR）在整个流域 14 个梯级范围内制定了"莱茵河行动计划"，旨在防止该河流生态系统的进一步恶化，解决水质问题，恢复河流可持续发展，并采取拆除不合理的航行、灌溉和防洪工程、拆除水泥护坡、以草木绿化河岸、对部分裁弯取直的人工河段重新恢复自然河道等措施。其中有关鱼类保护的部分是在《鲑鱼行动纲领》指导下实施的"鲑鱼 2000 计划"，目的是使较高级的物种鲑鱼、鳟鱼等能够重返原来的栖息地，于 2000 年在《欧盟水框架指令》的指导下拓展为"鲑鱼 2020 计划"，旨在使野生鲑鱼回归。建有 90 多座大型水库、拥有 8 个国际重要湿地的澳大利亚东南部墨累-达令流域在过去的 100 年里，35% 的短期湿地已经消失，许多鸟类、鱼类、两栖类、昆虫和植物的数量急剧减少。为了恢复严重退化的本土鱼类种群数量，墨累-达令流域于 2001 年制定为期 50 年的"土著鱼类战略"，形成一整套包含该流域所有鱼类在内并横跨 6 个不同管理辖区的协调方案，其中最著名的是"从海洋到休姆大坝"的鱼道计划。

20 世纪 80 年代以后，我国也在梯级开发下的鱼类保护方面开展了大量研究与实践，比如在红水河岩滩水电站设立鱼类增殖站，在狮泉河水电站设立导墙式鱼道，在广西长洲水利枢纽设立隔板式鱼道，在彭水水电站利用船闸及集运渔船方式过鱼等，但在流域范围内的保护方案较少[70]。长江流域上的葛洲坝工程也采取了相应的鱼类保护措施，如实施禁捕制度、人工增殖放流、建立自然保护区和开展资源监测与科学研究等，但长江干流目前未建有鱼道。

1.3 研究内容

（1）筑坝河流生态水文效应理论框架体系研究。在分析河流生态系统结构和功能的基础上，探讨河流生态水文中生态流量的定义、计算方法等其他相关概念，并分析水利工程对河流生态水文中非生物要素和生物要素的影响。

（2）长江上游水文情势变化及生态影响。选取长江干流主要水文站屏山站、寸滩站、宜昌站的水文资料，运用 IHA/RVA 法对研究江段的天然水流情势特征进行分析，运用小波分析法对研究江段的流量、输沙率等生态要素进行趋势性、周期性和突变性分析，结合水沙情势变化特征与鱼类的生态需求，从水沙角度定性分析对鱼类的影响。

（3）长江中下游水文情势变化及其生态影响。对宜昌站多年历史监测资料进行整理和统计，分析三峡、葛洲坝水利枢纽工程对长江中下游江段的流量、水温、含沙量的影响；统计分析中华鲟和四大家鱼产卵繁殖情况，分析长江中下游水文情势变化对鱼类繁殖影响程度。

（4）长江干流河道生态流量综合评估。分别利用逐月频率法和 IHA/RVA 法计算研究江段的河道内环境流量，作为水库生态调度的目标，为建立鱼类保护措施提供参考。

（5）水电梯级开发影响下鱼类生态保护措施。分别从工程措施、非工程措施和管理措施三个方面进行评述，提出水电梯级开发影响下长江鱼类生态保护措施。

第2章 筑坝河流生态水文效应理论框架体系研究

2.1 河流生态系统

2.1.1 河流生态系统概念和理论

河流生态系统是流水生态系统中最重要的一种类型，它联系着陆地和海洋的物质循环过程，在物质循环过程中起着举足轻重的纽带作用。河流生态系统可从河流水源地追溯到河流入海口，包括河流水源地、河流水源地到入海口的河道、河岸带、河道和河岸相互渗透的地下水、洪泛区、湿地、入海口以及其他形式流入的淡水近海岸环境[71]。河流生态系统是指河流中生物群落和非生物河流环境共同作用构成的生态系统。河流生态系统包括陆地河岸生态子系统、水生态子系统、相关湿地及沼泽生态子系统在内的一系列子系统，是一个复合生态系统，具有完整性、协调性和自组织性的特点，有其相对的稳定性、动态平衡性和变异性，对环境的变化具有一定的自我适应能力和调节能力。

自从 20 世纪 80 年代以来，各国学者提出了一系列的关于河流生态系统的概念和理论，其中较有影响力的有：河流连续体概念（River Continuum Concept，RCC），强调了生物群落在整条河流中的时空变化连续体；串连非连续体概念（Serial Discontinuity Concept，SDC），旨在强调大坝对河流生态系统的影响；溪流水力学概念（Stream Hydraulics Concept，SHC），说明了流速场的变化对生物群落的影响；洪水脉冲概念（Flood Pulse Concept，FPC），强调了洪水对河流洪泛区和洪水涨落过程对生物群落的影响，是对 RCC 的补充和完善；自然水流范式（Nature Flow Paradigm，NFP），说明了天然河流对保护原始物种多样性和河流生态系统完整性具有决定性意义。此外还有流域概念（Catchment Concepts）、河流生产力模型（Riverine Productivity Model，RPM）、近岸保持力概念（Inshore Retentivity Concept，IRC）等[27]。河流生态系统概念理论综合对比，见表2-1。

表 2-1　　　　　　　　　　河流生态系统概念理论综合对比

概念	研究者	提出时间	研究河流类型	尺度与维数	关键非生命变量
河流连续体	Vannote	1980 年	未被干扰河流	纵向	河流大小、能源、有机物、光线
串连非连续体	Ward 和 Starford	1983 年	受控的河流或滩区	纵向	水坝位置
溪流水力学	Statzner 和 Higler	1986 年	温带未被干扰河流	纵向	流速、水深、河床糙率、水面坡降
流域	Frissel	1986 年	全流域	纵向、横向、垂直、时间	时间、空间尺度、非生命变量尺度

概念	研究者	提出时间	研究河流类型	尺度与维数	关键非生命变量
洪水脉冲	Junk	1989 年	大型平原河流	横向	洪水脉冲：洪水延时、频率、发生时机和洪峰。水质、洪泛滩区的尺寸和特征
河流生产力模型	Thorp 和 Delong	1994 年	具有滩区的狭长形大河	横向	岸区的类型和密度、保持力结构、近岸区流速
自然水流范式	Poff 和 Allan	1997 年	未被干扰河流	顺河向	水文参数：水量、频率、时机、延续时间、变化率
近岸保持力	Schiemer	2001 年	筑坝和渠道化河流	顺河向、侧向	流速、温度、蜿蜒度

这些概念和理论中，多数强调的是未被人为干扰的天然河流，较少把认为干扰考虑在内。各个概念的研究对象和方式不同，其空间尺度和维数也不尽相同，空间尺度的划分包括景观、流域、河流廊道和河段，维数从一维（纵向）到三维（纵向、横向、垂直），再到各方向在时间上的变量的四维。尽管各个概念都有其适用条件的局限性，但不得不说它们从不同方面对河流生态系统理论基础进行了丰富和发展，提供了多种视角帮助初学者更充分地了解河流生态系统理论框架。

2.1.2　河流生态系统的结构

河流生态系统具有完整性、流动性、动态平衡性等特点，随着时间的不断推移，河流生态系统已逐渐发展成为集丰富生物群落为一体，拥有多样生境景观，适宜多种生物种群栖息的多结构生态系统。最早提出河流生态系统结构的是 Ward，他指出河流生态系统的结构是四维的，分别是纵向、横向、垂向和沿时间变化的尺度。

（1）纵向尺度结构特征。在纵向上，河流可分为三个区域，依次为河源区、输水区和沉积区[72]。河源区是河流的发源地带，该区域往往地势较高，河道较窄，水深较浅，流速较慢，流量较小，比较多的出现在冰雪地带。输水区，顾名思义就是从河源区输往沉积区的河流区域，输水区沿线蜿蜒曲折，流经的各个河段水力条件也有很大差异，沿途的气象情况、水文结构、地貌特征、地质条件等都不尽相同，呈现出丰富的生境景观。输水区的上游区域较接近河源区的水力特征，下游区域由于河道宽度加大，水深增加，流量和流速都有所增加，但变化幅度在逐渐变小。由于流速的变化，输水区在断面上一般表现为浅滩和深潭交替显现。浅滩是河床堆积造成的，由于水深较浅河道较宽，河水紊动效应增强，有助于水中含氧量的增加和表层水温的上升，河床的石质底层也得到冲刷，提供了较为干净、适宜的栖息环境。深潭是由于冲刷造成的，水深较深，适合上游的有机物质沉淀，浮游水藻类植物更丰富，生物种群更多样，更适宜群落生存和繁衍。沉积区是水流流速最慢的区域，水流携带的泥沙、小石块等物质在沉积区进行沉淀，河流流经沉积区就汇入了大海。

（2）横向尺度结构特征。河流在横向上可分为河道、洪泛区和高地边缘过渡带共三个部分。河道是河流的流经通道，是河流生物群落的孕育环境所在，更是河流生态系统与陆地生态系统的纽带和桥梁。洪泛区分布在河流的中下游，它的范围取决于洪水和河流横向侵蚀的范围，是洪水泛滥和河床迁移造成的，同时是水生生物群落到陆生生物群落的过渡带。洪泛区对河流生态系统的作用是必要和无可替代的，洪泛区可以吸纳滞后洪水，吸收水流中的污染物和有机物，可以起到过滤和屏障作用；从水流中汲取的有机物质和养分可以供应岸边植物和洪泛区动植物的繁殖和生长，而这些又可以成为河流中浮游生物和鱼类的食物来源。

（3）垂向尺度结构特征。河流在垂向尺度上可以被概括为表层、中层、底层和基底。表层水面充分与大气接触，水气交换条件最佳，特别在水流紊动较剧烈的河段，曝气作用也尤为显著，使河流内溶解氧含量大大增加，从而表层更适宜于多种喜氧性水生植物的生存和繁衍，促进微生物的生物分解功能和作用，因此表层分布着多种浮游植物，为下层水生动物提供丰富的饵料；表层充分与阳光接触，促进表层植物的光合作用，同时也释放出氧气融入水中，表层是河流生态系统子系统初级生产最为重要和主要的一层。中层和底层中，随着水深的增加，太阳光辐射能量和溶解氧的含量都呈直线下降趋势，浮游植物和动物也随之减少；在一些较深的深潭区域，水温分层现象明显，水温沿水深的增加而逐渐降低，有些甚至出现跃温层，正是由于这些适宜水生生物生长环境条件的分层作用，各个生物群落也出现了分层现象。基底是河流与陆地接触的部分，往往分布着卵石、砾石、沙土、黏土等其他石土，发挥着水生生物种群栖息地的功能，基底的物质组成、结构、形状、水温、光照、溶解氧含量以及水生植物和浮游动植物的分布等，都会成为决定生物种群分布的决定性因素；基底的构成决定了河床的透水性，而透水性为地表水补给地下水带来了可能。河流的多种垂向尺度特征是维护河流生态系统完整性、生物多样性、生物群落适宜性和群落结构丰富性的决定性基础条件。

（4）时间尺度结构特征。时间赋予了河流的动态性，在时间的这层属性下，伴随着年度的变化、季节的更替、枯水期和丰水期的交错，河流生态系统的结构和功能也发生着变化。鉴于水、光、气、热的时间和空间分布不均匀性，河流的水温、流量、营养物质含量呈现出按时间变化的特点，生物群落的生活规律和演替也呈现出按时间变化的特点，从而使河流生态系统发生着按时间规律变化的功能特征。河流形态的变化是需要很长的时间才能够完成，人为的改道和扩流会使得区域河流生态系统服务功能发生变化，从而影响整体河流的生态系统功能发挥，一旦人为的干扰发生，河流生态系统可能会在不远的将来发生生态支持退化、环境调节功能降低等退化现象。

2.1.3　河流生态系统的服务功能

河流生态系统服务功能，即河流生物群落和河流生态环境的相互影响作用过程中，所形成和维持的人类赖以生存的自然条件与效用[73]，包括为人类生活提供的河流生态系统产品和河流生态系统服务。河流生态系统服务功能结构如图 2-1 所示。

2.1.3.1　河流生态系统产品

河流生态系统产品，即由河流生态系统给人类日常生活供给消费品或服务来提升生活质量，从而维持人类的生产需求和生活需要的功能。河流生态系统产品包括以下 6 个方面。

（1）供水功能。供水是河流生态系统最基本也是最主要的服务功能，供水为人类提供

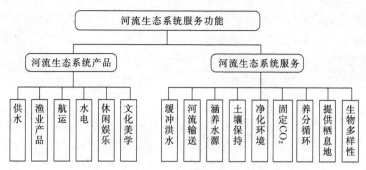

图 2-1　河流生态系统服务功能结构图

了淡水这一生活必需品，并通过水质的高低程度进行分类，按照不同的类别被用于生活饮用水、工业生产用水、农业灌溉用水和生态用水等领域。

（2）提供渔业产品功能。河流由高处流向低处，所提供的动能就是生产力。河流中的藻类和高等植物等自养生物可以自给自足，它们通过光合作用进行初级生产，将能量转化为有机物；其他通过摄取觅食的生物称为异养生物，这些生物通过摄取初级生产的生产物为食，从而进行次级生产。河流生态系统中的生产力功能可以生产出种类多样、营养物质丰盛的水产品和商品，如海藻、海带等水生植物产品和鱼、虾、蟹等水生动物产品，这些产品是人类生活的食物来源，同时也是部分轻工业产品生产的物质来源和基础。

（3）航运功能。河流的输水功能是河流生态系统最重要的服务功能，航运就是输水功能的主要体现，也是一种重要的运输方式，其具有便捷、廉价、省时、承载量大等优点。我国的航运发展往往通过修建和改造人工运河进行。

（4）水电功能。人们利用河流河床地势落差产生的强大势能来建造水电站进行水力发电，水力发电也是河流水能最直接、最有效的转换形式。2008 年年底，我国水电能源开发量超过 24700 亿 kW·h，是全球总开发量的 28.3%，位居全球之首[74]。

（5）休闲娱乐功能。水生态子系统和陆地河岸生态子系统共同反映了河流生态系统的休闲娱乐服务功能，水中的休闲娱乐项目有游泳、冲浪、潜水、垂钓等，而岸边的休闲娱乐有沙滩、露营、爬山、散步等。水中景观与河岸景观遥相呼应，水中娱乐与岸边娱乐相得益彰，共同彰显了河流生态系统的休闲娱乐功能陶冶人们身心健康、缓解人们生活压力、提高生活质量等种种好处，同时也促进了河流旅游业和度假疗养产业的发展。

（6）文化美学功能。河流生态系统蕴藏着大自然中无限美的景观和生机蓬勃的生态环境，带给人们以美的享受，人们在了解自然、欣赏自然、享受自然的过程中精神和人格同时得到了振奋和升华。河流生态系统的地域差别从根本上影响着本区域居民的美学价值倾向、艺术领略水平、感性认知等自身的美学造诣，千差万别的生态环境在自然和文化的悠长演替中影响着并孕育了人们独特的民风民俗和性格特点，一定程度上影响着人们的学习、生产、生活方式和水平，塑造了当地独特的地域文化、生活态度和文明程度。譬如流传千古的古巴比伦文明、古埃及文明等独特的土地文明，充分证明了河流生态系统和文化的千丝万缕，以及为人类社会的文明发展起着不可泯灭的作用。

2.1.3.2　河流生态系统服务

河流生态系统服务，即河流生态系统所维护的自然环境条件和生态环境过程的服务功能。河流生态系统服务包括缓冲洪水、河流输送、涵养水源、土壤保持、净化环境、固定 CO_2、养分循环、提供栖息地、维持生物多样性共 9 个方面内容。

（1）缓冲洪水功能。河流生态系统中的河道深浅、岸边植被分布、洪泛区大小、湿地和沼泽的面积等均对洪水具有缓冲调蓄的功能，可以在洪水暴发之际进行削峰、对滞后洪水进行吸纳，大大减少了洪水灾害带来的经济损失和人员伤亡。

（2）河流输送功能。河流生态系统的河流输送功能，不仅体现在输送水量，也体现在输送泥沙、有机物质、碳、氮、磷等营养物和其他储存在河流中的物质。输送的泥沙对河流生态系统的影响最为明显，泥沙从上游被输送到下游入海口处堆积，不仅防止河道淤积，还冲刷了河床上的卵石以便水生生物的幼卵附着和发育，同时在一定程度上阻止海水倒灌现象和防止风浪侵蚀。

（3）涵养水源功能。河流生态系统岸边植物区域、洪泛区、湿地、沼泽等地区可以留滞大气降水、积蓄河道渗漏、地下水补给等大量淡水资源，大大增加土壤含水量，还可在枯水期对河道水量进行回补，提高水的稳定性，防止了水的流失，涵养了水源，稳定了区域气候。

（4）土壤保持功能。河流从发源口流入入海口，途中流经湿地、沼泽后，流速变缓、水流四散开来，途中掺杂的泥沙也会随着流速的减弱而沉积在河道不会流入大海；大风天气所携带的泥沙遇到河流便会被截滞在水流中，要么沉入水底，要么随径流流往下游，起到留滞泥沙、土壤保持、造陆的功能。

（5）净化环境功能。河流生态系统的子系统都具有净化环境的功能，有毒有害物质一旦流入径流中，便会经过各个子系统的稀释、分解、氧化等物理反应和化学反应，使径流中的污染物质得到降解和消除；同时经过径流中水生植物和水生动物的摄食吸收，污染物会被分解为各个分子单元，再经氧化作用最终还原为有机物或被全部吸收，经此循环长久下去，便可有效避免有毒有害物质堆积造成的河流污染现象；河流水面的蒸发作用和洪泛区、湿地、沼泽等岸边植物的蒸腾作用可大大增加水域的空气湿度，细小水颗粒将吸附在空气中的大颗粒污染物表面，最终使其落于地表，从而起到净化、改善区域空气环境的功能；此外，区域空气湿度的变化对降雨、温度和气候的调节具有决定性的影响作用，还可预防极端气候的发生。以上足以说明河流生态系统在净化水质、改善空气质量、调节降雨、改善区域气候的显著表现功能。

（6）固定 CO_2 功能。河流生态系统中的水生植物如水草、苔藓、藻类等经过自身的光合作用吸收 CO_2，释放出 O_2 以供进一步生长，这些植物再被水生动物（微生物、虾、鱼等）摄食吸收再以 CO_2 的形式被释放到大气中。长久循环，河流生态系统的固定 CO_2 功能对防止 CO_2 浓度增高具有明显的缓冲作用。

（7）养分循环功能。河流生态系统中的各类植物吸收养分经过光合作用生成有机物，再被各类动物摄食、分解、消化、吸收等一系列循环过程，催动有机物与生物生态环境之间的元素循环过程。河流生态系统的养分循环功能有利于维持生态环境的生态过程。

（8）提供栖息地功能。生物往往都喜以水为居，这是由于河流生态系统中的淡水资源、营养物质、河床结构、河岸结构等为水生植物、动物和微生物、岸上的两栖动物和陆地动物等提供了生存繁衍的环境和栖息地，同时也为天上的鸟禽提供了食物来源。河流生态系统的提供生境功能为生物多样性、生物群落适宜性和群落结构丰富性的产生和维护提供了条件和支持。

（9）维持生物多样性功能。河流生态系统中的各类生境构成了各式各样的生活环境如径流、河床、洪泛平原、沼泽、湿地等为生物多样性的物种多样性、遗传多样性提供了生存繁衍的环境，为其生态系统多样性提供了基础和源泉，为其景观生物多样性提供了保障，也为濒临物种提供了多种保护屏障。河流生态系统的维持生物多样性功能是物种结构维护的最有力体现。

2.2 河流环境流量理论框架研究

2.2.1 河流环境流量的界定

20 世纪 40 年代，河流生态流量的研究开始在美国西部出现，起初美国学者认为河流生态流量即维持河流生态系统正常运行的最小河道流量。到 60 年代，加拿大、澳大利亚、南非以及法国等国家提出了"河流最小环境流量"和"河流最适宜环境流量"的概念。随后至 20 世纪 90 年代，Gleick 提出"基本生态需水量"的概念。随着世界各国学者在该领域研究的不断开展，且由于研究对象和内容的侧重点有所不同，衍生出了许多与其相关的概念，学者自己并做出了界定，如"生态环境用水""基本生态需水量""河流生态环境需水""河流系统生境需水"等不同的专业术语。虽然名称有所不同，但这些定义的基本内涵是大致相同的，都旨在说明维持天然生态系统平衡和物种多样性所需要的一定水量。因此，到目前为止一个统一的河流生态流量定义还没有形成。河流生态流量的异名词内涵见表 2 - 2。

表 2 - 2　　　　　　　　　　河流生态流量的异名词内涵

概念	内涵	学者	时间
生态环境用水	为保护绿洲生态环境的用水，包括绿洲周围植树造林种草所需的水量和保持一定的湖泊水面所需的水量	汤奇成	1989 年
基本生态需水量	提供一定质量和数量的水给天然生境，以求最低程度地改变生态系统，保护物种多样性和生态系统的完整性；同时应该考虑气候、季节变化、现状生态等因素对生态系统的影响，认为基本生态需水应该是在一定的范围内可以变动的值	Gleick	1996 年
河流生态环境需水	能维持地表河流的生态系统基本功能，天然水体必须储蓄和消耗的最小水量	李丽娟	2000 年
河流系统生境需水	为维持河流正常物理构造生态结构、洪泛地和水面蒸发生态环境需水的一定水质前提下的合理水量	严登华	2001 年
流域生态需水量	为改善或维护生态环境质量不至于进一步下降时流域生态系统所需要的最少水量和在这一水量下流域生态系统能够忍耐的最差水质	丰华丽	2001 年
河流最小生态环境需水	在特定时间和空间为满足特定的河流系统功能所需的最小临界水量的总称	倪晋仁	2002 年
流域环境需水量	河流生态系统维持一定状态所需的河道内径流量	南非流域水资源需求与利用报告	2003 年

根据河流生态系统完整性和河流生态环境功能，笔者大胆认为，河流生态流量是指河流生态系统随着不同时间、空间、气候和季节等影响因素的变化下，为维持河流生态系统功能完整性、物种多样性、生物群落适宜性和群落结构丰富性等所需的一定水质前提下的合理水量。河流生态流量的值是一个临界值，同时也是不固定的，是动态的，具有过程性和变化性。

　　综上可知，河流生态流量不仅水量要满足河流生态系统的需求，同时水质也要满足生物种群的要求。当某时期河流内水量和水质数据值刚好达到河流生态流量值时，该时期的河流生态系统处于健康状态；当河流内水量和水质超过这一临界值时，河流生态系统则呈现出稳定的发展趋势，初级生产量也会有增加的演替走向，促使整个系统的循环保持正向循环状态；相反的，水量和水质达不到临界值时，河流生态系统将面临衰弱和败落，最终走向断流、干涸甚至是沙漠化。因此，水的数量和质量必须同时达到河流生态流量的标准，只有这样，河流生态系统完整性、物种多样性的生态目标才得以达成。

　　随着河流开发等人类活动日益加剧，造成河流水流情势发生变化，影响河流生态系统的健康发展，探索最佳河流环境的标准成为目前科学研究的一大热点，表征河流水流情势变化特征的环境流量研究应运而生。目前，国内外学者关于河道内环境流量还没有形成一个公认的定义。美国大自然保护协会（The Nature Conservancy，TNC）认为，环境流量是从河流自身结构功能出发，不包括社会、经济等其他关系的用以维持河流生态系统健康和生态环境稳定所必需的流量及其过程，包括流量大小、频率、发生时间、历时及变化率等河流水流情势的主要特征，是河流生态系统可持续发展的驱动力。

　　河道内环境流量作为河流生态系统健康的评价指标，其内容应反映河流生态系统的完整性与多样性，图 2-2 以最小、最大和适宜环境流量从河流水生生物对水流的耐受程度方面阐明了河流生态系统与河道内环境流量存在的关系，也说明了河道内环境流量不仅仅是一个值而是代表了维持水生生物完整生活史的范围。

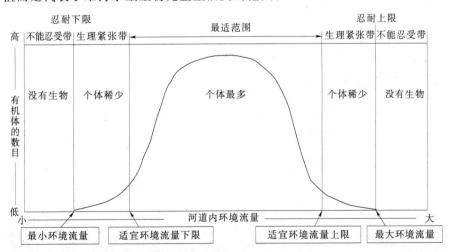

图 2-2　河道内环境流量与河流生态系统响应关系

　　由图 2-2 可以看出，最小环境流量是满足河流生态系统健康和稳定所允许的最小流量过程，其意义是要保证在不引起生态系统退化下水生生物可自行恢复的最低要求；最大环境流量是满足河流生态系统健康和稳定所允许的最大流量过程，其意义在于使河流径流维持一定的天然的季节性变化，不至于受到水库调度影响而趋于平坦化，当河道内环境流量小于最小环境流量或大于最大环境流量时，生物处于不能忍受带，生物无法生存，生态系统遭到破坏；适宜环境流量是维持物种多样性及生态系统健康和稳定的最适宜的流量过程，其意义主要区别于最小和最大生态径流的极限过程，而是一种更加适宜的随机变化的径流过程。

环境流量的计算方法有很多，由于国情、水情、河流条件等不同，在实际运用中大多数方法受到制约。综合研究河段的基本情况及研究目的，本书选用最有代表性的逐月频率法和 IHA - RVA 法。

2.2.2 环境流量基本特性

根据河流生态系统的特性，河道内环境流量的基本特性主要表现为 4 个方面，具体见表 2 - 3。

表 2 - 3　　　　　　　　　　　河道内环境流量基本特性

基本特性	说　明
空间性	（1）主要表现为河流生态系统纵向、垂向和横向上； （2）河流浅滩处为鱼类等水生生物繁殖产卵场所，是重要的水生生物栖息地； （3）河流洪泛区是陆生动植物栖息地也是水生生物肥育场所，具有重要生态功能； （4）河口是洄游性鱼类以及无脊椎动物栖息地，该地区具有丰富的养料，鱼类等水生生物种类丰富
时间性	年内变化特征主要表现在年内分布的不均匀性和枯水季节和丰水季节出现月份的相对稳定性，通常根据水流的年内变化特征，可以分为枯水期、涨水期、洪水期和落水期来进行研究，在不同的时期内河流中水生生物具有相应的生命阶段
阈值性	（1）根据生物耐受性法则，生物的存在与繁殖受到外界环境条件的限制，维持生态系统健康所需的水分不是在一个特定的点上，而是在一定范围内变化的； （2）推荐的环境流量应当充分考虑生态系统的耐受性，尽量使得推荐环境流量处于适宜环境流量范围内
一致性	（1）水质水量是河流的两个重要属性，对于水生生物同样重要； （2）水量保证同时，水质也要满足河流生态系统要求

2.2.3 河流环境流量评价方法

纵观河流生态流量的研究成果，可发现关于河流生态流量的计算方法种类有很多，大约有 200 多种，从类型上大致可分为 4 类：水文学法、水力定额法、生境模拟法、综合分析法[75]，见表 2 - 4。

表 2 - 4　　　　　　　　　　河道内环境流量评价方法比较

评价方法	评价方式	生态基础	优点	缺点
水文学法	水文指标	天然流量和生态系统状况的关系	简便、容易操作、数据要求不高	准确性不高，缺乏流量对生物和生物制之间的影响

续表

评价方法	评价方式	生态基础	优点	缺点
水力定额法	河流水力参数	生物生产力与河道湿周面积关系	河流水力参数的测量较为简单	体现不出季节性
生境模拟法	生境适宜性曲线	生境与生态系统之间的关系	理论依据充分	需要大量人力物力，针对性较强
综合分析法	河流生态系统整体性	天然流量与河流生态系统整体性关系	研究较为天然、整体，适宜程度高，可作为流域管理依据	需要专家组协助，耗时耗力

水文学法又称为历史流量法，顾名思义就是通过多年的长期历史流量资料数据推导出河流生态流量推荐值，用这些水文指标来表示以最小的水量来维持地表河流的基本生态功能。该类方法比较简便，操作起来也比较容易上手，也是被用于实践中最为普遍的一类方法，但没有对河流的情况进行具体的设定，缺乏针对水生生物在各个特定时期对流量大小的需求和各类生物之间的互相影响，准确性不高，适合那些对生态系统认识不够或对实验结果要求不精用于检验其他方法。主要包括 Tennant 法（Montana 法）、流量历时曲线法（Flow Duration Curve Method）、枯年天然径流估算法、Texas 法、RVA 法、7Q10 法等。

水力定额法的应用需要详细的水力实测参数，包括湿周、流速、水深和横断面系列参数等，用来分析流量变化对生物的影响。但由于运行所需的数据比较全面且真实，数据的实测有困难，这使得水力定额方法的实施出现难度，发展也比较缓慢，但其可为生境模拟法和综合分析法提供技术支持。主要包括河道湿周法（Wetted Perimeter）、简化水尺分析法、WSP 水力模拟法、R2CROSS 法等。

生境模拟法是用于分析生物生存的生活环境水力要素对自身的适宜程度的影响程度，譬如适宜温度、适宜水深、适宜含沙量、适宜溶解氧含量等，这些参数的测量和取值都具有一定的阻碍，且需要大量的人力、物力和财力，科学性最高却也往往困难重重。该方法是建于自然生态的基础之上，是针对某种或某几种水生生物的栖息地生境还原而言的，而不是考虑整条河流或流域的生态环境规划和保护，因此生境模拟法具有较强的针对性，不适宜用来作为管理整条河流或流域的指导方案。主要包括河道内流量增加法（IFIM 法）、有效宽度法（Usable Areas，UW）、加权有效宽度法（Weighted Usable Areas，WUW）、CASIMIR 法等。

综合分析法基于河流生态系统的整体性原则，维持河流天然功能的基础上，分析研究河流生态系统的全部水力学参数与生物群落的影响关系，力求对各类生物种群的栖息地适宜环境的保护、河流的整体性季节变化特征（汛期、枯水期、丰水期、洪峰流量等）和功能系统（净化环境、水土保持、提供栖息地、维持生物多样性等）的维持都能达到同时满足。综合分析法始终强调河流生态系统的天然性、整体性、功能性特征，精度高适用性强，适宜用来作为管理整条河流或流域的指导方案。但需要河流生态系统的各方面学科专家组的共同商讨研究才可完成，且参数的实测也有一定的难度。目前较为常见的有南非的 BBM 法（Building Block Methodology）、澳大利亚的综合法（Holistic Approach）以及 DRIFT 法（Downstream Response to Imposed Flow Transformations）。

2.3　水利工程对河流生态环境的影响

水能作为一种可再生能源，伴随着社会经济的高速发展和人类对水资源开发利用需求的不断增大，大江河流上筑建的大坝和水库越来越多，满足了人类对于供水、发电、灌溉、防洪等方面的需求，但在造福人类的同时也影响了河流的天然生态系统和环境，如使河流连续性发生变化、河流环境受到影响或水生物环境遭到破坏等，这些改变必将对流域及河流生态系统造成深刻且长远的影响。然而由于世界能源的趋紧，为满足社会的发展水库大坝的修建又是不可避免的。因此，只有充分地认识和理解水利枢纽工程对所控河流水文情势和环境的影响，才能正确地对待和治理河流生态问题，维持河流生态系统的健康生命，实现人水和谐，这同时也成为了国内外学者研究的焦点和重点。

随着大坝带来的经济效益的不断体现，大坝对生态影响的问题也变得越来越突出。大坝工程的修建造成水库淤积，影响了周围的生态环境，对水文过程带来变化，减少了河流、流域片段的链接，改变了水体的水文条件，所控河流的天然状态也发生了较大变化，上游库岸浸蚀，下游河道形态改变，水质下降，阻隔洄游通道，同时还打破了河流生态环境的初始性和稳定性。这些缓慢而长期的影响，会破坏水生栖息地，最终使浮游动植物、水生植物、底栖无脊椎动物、两栖动物和鱼类都发生不同种类的变化，导致种群数量减少，基因遗传多样性丧失，种群结构简化，生物多样性降低，还可能会改变物种的组成和丰度，许多敏感水生生物种群甚至面临灭绝的边缘。

2.3.1　水利工程对河流生态系统中非生物环境的影响

水利工程对河流生态系统中非生物环境的影响主要表现在两个层面：第一个层面是反映在河流生态系统的河道径流、泥沙特性、水质等非生物环境要素，具体表现在河道下泄流量、河道水深、含沙量、水温、溶解氧含量、有机物质含量、pH 值、营养物质含量等的改变；第二个层面是反映在水利工程长时间运行后对上游库区淤积、库岸浸蚀和河道形态的影响。两个层面的共同作用影响了河流生态系统的天然性和整体性特征。

2.3.1.1　水利工程对第一层面的非生物环境影响

（1）对河道径流的影响。天然河流的径流变化是季节性的，毫无规律，而大坝蓄水后人工调节作用的产生，彻底颠覆了河流的原始径流模式，转变成为有目的的调蓄径流模式。实现了防洪、发电、灌溉、调水的综合功能。

1）防洪。汛期，大坝可拦截洪水，进而消减了洪峰、发洪频率降低，截滞洪水于水库内，有利于减轻下游大坝的防洪负担，大大减少了洪泛造成的人员伤亡和财产损失，避免了河道干涸，降解了有毒有害物质，通过合理的调节水量，同时解决了枯水期的旱灾问题，实现了人们多年期望的掌控淡水资源、与洪水和谐共存的优良局面，进而改善了人们的生活质量和居住环境，有助于和谐社会发展目标的顺利完成。

2）发电。发电型功能水库调蓄水量是根据下游的需电量为指导依据，与天然降水无关，因此下泄流量的变化是因发电量而异的，河道水位和流速自然也是随之呈波动状态变化。

3）灌溉。大坝拦截的大量水体可供往各个种植区的作物灌溉，充足的灌溉用水有助于规划用地，促进劳作积极性，提高粮食产量，从而缓解灾害地区的灾情。民以食为天，充足的灌溉用水才能保障人民安居乐业，保障社会的可持续性和谐发展。

4）调水。我国的淡水资源分布不均，使得地区水资源供求矛盾不断加深。大坝的建设缓解了这一问题，通过各个大坝的联合调水措施解决了我国水资源时空分布失衡的难题，充分实现水资源的优化配置，促进河流生态系统服务功能的全面发展。

（2）对河流泥沙特性的影响。天然的河流中夹带着大量的泥沙从发源地流向入海口，泥沙在中途流速小的区域沉积下来填补河床避免冲刷，并在河岸沉积形成冲积平原和在入海口淤积形成三角洲保护内陆，而冲积平原和三角洲是人类的重要发展资源，许多产量丰硕的农耕区和高品质油气田都散布在三角洲区域。水利工程的建成蓄水后，拦截了大量泥沙在库区堆沉淀积，下泄的水量中携带的泥沙含量大大减少，而且颗粒一般较细；下泄的"清水"容易对下游河床造成冲刷，河道形态发生变化；下游河道年含沙量降低，使得水生生物的栖息地环境遭到破坏；河流输沙的功能减弱，使得河岸无法形成冲积平原、河湖交汇处或入海口无法形成三角洲等宝贵资源。

（3）对水温及水质的影响。大坝拦截了径流流量，蓄积在水库中，流水变为了止水，随着库区水深增加，水温、有机物质分层现象显著，水温与水深呈负相关趋势发展。库区表面的水温升高和水的长时间滞留，以及大坝拦截的有机物质和营养物质富集可诱发浮游植物大量繁殖，导致大坝水库富营养化。库区水域的大量水生植物进行光合作用消耗了大量的氧气，使得水体溶解氧含量降低，同时光合作用产生的大量 CO_2 和大量的有机物质富集，致使水体呈酸性，pH 值降低。同时由于大坝的拦截作用，泥沙的运输、污染物质的转移和降解受到了限制，水体浑浊度增加，污染程度高。水温分层、水体富营养化、pH 值降低和污染物质残余的综合作用导致库区水质变差，改变了库区水生动植物的生活环境，影响生态系统平衡。

2.3.1.2 水利工程对第二层面的非生物环境影响

水利工程的第二个层面影响可谓是间接性的，生态系统经过被大坝长时间的作用后产生的一系列影响。

（1）对上游库区淤积和库岸的浸蚀。水利工程蓄水投入运行，开挖了大体积的库区对上游流量进行拦蓄，导致库前水深和库后水深落差增加，容易造成上游库区淤积和库岸浸蚀的不良现象。大坝最主要的不良影响就是拦截作用，长期运行后，大量的泥沙、有机物、污染物等淤积在大坝上游，改变了河流的天然生态系统状态，使得水温和有机物分层、溶解氧含量降低、pH 值降低、水库富营养化、污染物难以降解分离，水质变差的同时引起多种生态环境问题，更威胁到生物种群的生存和繁衍、生物多样性的扩展和群落结构的丰富性。水库蓄水后，开挖的库岸初期会由于流入水流的冲蚀作用对岸边进行浸蚀，破坏原始的生态环境和土地形态引起土壤流失并降低岸边植物防止库岸冲刷的功能，后期会由于库区大量的泥沙堆积作用形成新的库岸边线，且该边线会在水流冲蚀和泥沙堆积的共同影响下发生迁移。大坝的拦截改变了区域生态环境，库区水生动植物和库岸动植物的生活习惯都将引起巨大改变，对各类生物的生存和发展构成一定的威胁。

（2）对下游河道形态的影响。在河流上加筑大坝，抬高了大坝上游水位，下泄的"清水"势能增加，剧烈冲刷了靠近大坝的下游河道和河岸，造成越靠近大坝，河道深度越深的趋势，从而降低了下游水位，容易引起下游干涸，河道和岸区的横向物质能量交换减少，洪泛区、湿地、沼泽的面积也将有所下降。伴随着径流对下游河道泥沙和其他沉积物的冲刷，使泥沙和其他沉积物堆积在离大坝更远的下游河道，抬升了河床。由于下游水量的减少和输沙量的降低，丧失了冲积平原和三角洲等这类利于人类发展的地球资源，同时入海口的三角洲又是保护入海口淡水域和防止河岸侵蚀的最佳屏障。

区于大坝的功能和规模，大坝对下游河道形态的影响也有所不同。对于水电站来说，依据水库蓄调水能力分为径流式和调节式，径流式电站根据季节性径流变化发电来多少排多少，调节式电站是根据需电量调节下泄水量多蓄少补，但整体来说水电站的下泄水量是变化频繁的，变化频率的改变引起下游河道形态发生变化，下泄流量的突然增大或减少会造成河岸冲刷和浸蚀程度的强弱改变，不利于河内生境和河岸生境的维护，影响生物群落的栖息。对于供水大坝来说，下泄的水量是根据丰水期和枯水期调节的，丰水期大坝蓄水，枯水期向下游泄水，从而改变了下游河道的天然径流规律，使径流量始终保持在河流生态流量范围内，下游河流流速下降，对水生生物的产卵和繁殖造成威胁，生物多样性降低、生态完整性遭破坏。

2.3.2　水利工程对河流生态系统中初级生物的影响

水利工程对河流非生物环境的河道径流、泥沙特性、水质的一系列影响和上游库区淤积、库岸浸蚀和河道形态的变化，直接引起了植物群落生长环境的巨大改变，严重威胁到植物群落的多样性特征。

2.3.2.1　对浮游生物和附生藻类的影响

（1）浮游生物。浮游生物一般喜于静水或流速较慢的水环境生长。

1）坝前库区。大坝建造之前的天然河道往往地势较高，河道较窄，流速较快，不适宜该生物的生长，因此浮游生物种群结构较单一，种群数量较少。筑坝之后，拦截径流蓄于水库内，坝前水面流速降低近似于静水水域，导致浮游生物的大量繁殖；而水库淹没的树木、草、岩石、动物等大量的有机物分解，为浮游生物带来了大量的有机物和营养物质，为其生存和繁衍提供了丰硕的养分补给，为其规模的扩大提供了条件；有机物质分解生成的大量氮和磷，进一步对浮游生物的繁殖产生刺激，从而导致其数量呈指数型增长。

2）下游河道。大坝修筑后，下游河道的天然生境发生变化，伴随下泄流量的改变，河道内的流速、水温、含沙量、水质、有机物质等也发生着变化，不同的水文、营养物质、季节、水库运行条件都将从根本上影响着浮游生物的繁衍和结构。下游河道内的水深不及库区，流速相对库区来讲较快，营养元素也没有库区多，整体来说下游河道内的浮游生物生境条件没有库区好，但其数量发展仍为增加趋势，且整条河道内的浮游生物种类会较多，结构更为复杂。

大坝的拦截作用改变了河流的天然生境，促进了坝前库区和下游河道的浮游生物增长，且其调蓄作用下泄的种群促进了下游浮游生物的多样性发展，最终引起被人为干扰（建坝）的河流内浮游生物种群结构和数量都将高于天然河流。

（2）附生藻类。附生藻类即附生于河床和河流内淹没物质上的藻类，包括水下石块、腐木和其他大型植物表面。筑坝后的河流，水质变清，阳光照射程度高，相对水温升高，流速减缓，有机物质含量增加等一系列变化为附生藻类的生长提供了条件，再加上平时水库岸边滑落库区的生物，和枯水期下游普遍水深的增加使淹没的生物增多，导致附生藻类的规模不断扩大。附生藻类肆无忌惮的生长会诱发河流内溶解氧含量的降低，水质变差，并散发出恶臭味，破坏生态环境；河床上的附生藻类繁殖，会阻碍河床的砾石运动，不利于水生动物的栖息和产卵，降低生物多样性。

2.3.2.2 对大型水生植物的影响

大型水生植物包括除小型藻类以外的所有水生植物种群，主要包括水生维管植物。水生维管植物一般个头较大，顺着河心到岸边的顺序可分为4种植物类型，分别为沉水植物（如黑藻）、浮叶植物（如浮萍）、挺水植物（如芦苇）和湿生植物（如香蒲）。

大坝的拦截作用在一定程度上促进了大型水生植物的生长，这是由于库区内水质变好、浑浊度降低，促进了光合作用强度，水体营养物质和有机物含量增加，为其提供了更多的养料，加剧了大型水生植物的繁殖发育；另外由于减少了汛期流量对下游河道的冲刷，枯水期河道水深的保持也确保了河床的稳定性，从而减少了冲刷对大型水生植物水面下部分的影响，提高了其根的抓地性；再加上库区的类湖泊水环境和下游的河流水环境不同，下泄流量中夹带的有生长于库区内的大型水生植物物种，漂流到适宜它们生存的地带或冲积平原和三角洲区域，从而扩充了大坝下游大型水生植物的生物多样性。

大型水生植物的繁殖量过多也为生态系统带来了压力，也影响了人类的健康生活。大型水生植物的数量之多，造成散布区域面积大，促进蚊子肆虐生长，容易堵塞供水口阻碍灌溉和人类生活用水。大型水生植物的数量之多，亦消耗了大量的氧气，引起水体含氧量含量降低，影响其他水生动植物的生长。与此同时，大型水生植物的数量之多，破坏了底栖无脊椎动物、两栖动物、鱼类和岸边动物的活动场所，比如鱼类的洄游、鸟类的觅食、鳄鱼的栖息等，甚至导致物种生活习性的被迫丧失。

2.3.3 水利工程对鱼类的影响

水利工程的建成运行后，对鱼类的影响在时间的推移下缓慢而长期的被体现出来。鱼类从出生到繁殖，一系列的生物周期所需的生态环境的相对稳定，是保证鱼类生物种群生存和鱼类资源稳定的前提条件[76]。大坝阻隔了鱼类的洄游和迁徙习性，使得鱼类生境破碎化，破坏鱼类的产卵和繁殖，引起种群的基因遗传多样性丧失，长期作用下会对原始物种的生存构成威胁，种群结构改变，进而导致生物多样性降低。

秦卫华[77]等分析了小南海工程的修建对长江上游珍稀鱼类的栖息地影响，其研究结果表明，栖息地保护区部分江段的结构和功能受到了严重的破坏，珍稀鱼类如胭脂鱼、圆口铜鱼、长薄鳅等适宜的生存环境遭到破坏，直接引起适宜栖息地的萎缩。朱江译[78]等对淡水生物多样性危机进行了分析研究，总结了20世纪至21世纪期间，约

1/5 的世界淡水鱼类种群资源遭到威胁，甚至灭亡，造成这种现象的主要原因正是大坝的建设。

2.3.3.1　直接影响

水利工程的建造对河流的直接影响就是分割作用，是天然河道被分割为大坝上游、大坝库区和大坝下游，同时也分割了生态环境使其分散化，一条河流中出现了不同的水环境和生物群落分布和组成。对鱼类的直接影响表现在以下 3 个方面：

（1）洄游鱼类的阻隔。该方面的影响是最严重的。大坝的建筑破坏了河流的连续性，使极小长度的河段内产生了极大的水头差，阻碍了鱼类在河段内的迁移和产卵路径，对洄游性鱼类的洄游习性造成了影响，使其不能到达产卵场，有些甚至撞坝而亡，最终导致其产卵活动终止，严重威胁洄游鱼类的产卵繁殖，被迫改变已经习惯了的产卵区域和生存空间，甚至威胁到物种的存亡。

（2）物种基因交流的隔断。大坝破坏河流连续性的同时，原来连续分布的种群，被隔断为彼此独立的小种群，阻碍了水生种群之间的物种基因交流，造成物种单一性，改变物种结构，导致种群个体或不同个体内的基因遗传多样性的终极毁灭。

（3）对鱼类的伤害。鱼类游经溢洪道、水轮机组等大坝构造时，容易受到高压高速水流的冲击，造成休克、受伤，严重者甚至死亡。高水头大坝泄洪和溢流时，大量空气被卷入水中，造成氧气和氮气含量长时间处于超饱和状态，容易使鱼类诱发气泡病导致死亡，大大降低幼鱼和鱼卵的存活率，严重影响鱼类的生存和繁殖，造成鱼类资源的直线型下降。

2.3.3.2　间接影响

水利工程建成后，水库开始蓄水，大量的来水积蓄在库内，破坏了上游河段、库区和下游河段的天然水文情势，从而间接地影响了鱼类的生活环境，引起鱼类种群结构、生物多样性的改变。

（1）水位的改变。大坝的建成，使得所控河流分为 3 个河段：上游自然河段，水库库区和水库下游河段。上游自然河段在上游没有水利工程影响的情况下，仍保持天然水流情势；水库对上游来水进行拦截，水位在库区逐渐上升，水库静水区面积增大，待汛期到来之际，水库届时将进行调蓄和泄洪，水位将发生频繁变化，且变化幅度也会增大；水库下游河段则由于库区不断的调洪作用，河流自然水位变动较为稳定，水位的变化幅度降低，年内年际变化水平趋小。水库下游河段自然水位变化趋于稳定，促使河流生境产生变化，那些对水流变化敏感的鱼类的栖息地将遭到破坏。例如美国的科罗拉多河大坝的投入运行，引起下游河道日水位有 2～3m 的变动，导致土著鱼类种群数量的下降，并且当地鱼类在适应新的河流条件下，鲱鱼得到了繁殖和发展，使生物群种结构发生改变[79]。

经水库蓄水和泄洪，水库下游河道的水位将发生剧烈变化，这些变化使得水流对河岸的冲刷和侵蚀越来越严重，使得鱼群已适应的休憩场所受到淹没或裸露，促使鱼类的生存环境恶化，轻者影响鱼类产卵、繁殖和生长发育，繁殖日期推迟，重者将导致鱼类性腺退化，鱼群数量急剧减少，最终走向灭绝。

（2）水温的改变。水温作为鱼类栖息地环境的一个影响因子，直接影响鱼类的生长、发育、繁殖、疾病、死亡、分布、产量、免疫、新陈代谢等，鱼类的生长一般与温度成正相关[80]。筑坝蓄水后，随着库区水深增加，水温分层现象显著，库区水深越深温度越低，库区表层的水温由于太阳辐射则相对较高，特别是库岸的区域水深较浅水温分布较为均匀更适宜鱼类的繁殖和生长，加之库内静水面积增大，促使静水性鱼类的种群数量扩展较快。同时水温升高，水的长时间滞留，以及与大坝运行相关的营养物富集可诱发浮游植物大量繁殖，导致大坝水库富营养化。通常大坝下泄的水量位于水库底部，相对温度较低，对于水库下游的一些对水温变化比较敏感的鱼群来说，泄水过程将破坏其产卵信号，导致产卵时间推迟，影响产卵数量和质量，促使生长周期紊乱。例如美国的 Kannifeike River，修建大坝之后，引起大坝下游的水温比原规定水温低 1% ～1.5% 时，匙吻鲟的幼鱼就无法生存了[81]。

（3）流速的改变。水库蓄水后流速降低，对漂流性鱼卵的影响最为严重。漂流性鱼卵产出后本应吸水膨胀漂在水面，但没有适当的漂流距离，就会沉入水底，以致死亡，降低了鱼类的产卵数量。比如"四大家鱼"，亲鱼产卵后，受精卵需要约 2d 才能孵化，若漂流到下游库区的静止水面，没有流速推动其继续漂流，最终将沉入水底，受精卵承受过大水压致其破裂，最终导致死亡。因此，流速条件的变化严重影响了对产漂流性卵鱼类的繁殖和生长。另外，流速的降低会使某些鱼类失去方向感进而被猎食，例如幼鲑鱼[79]。

（4）流量的改变。大坝建成之后，经过水库的运行调度，季节性的洪峰流量将被削减，枯水流量变大，流量的年际变化幅度显著降低，流量的恒定流状态所处的时间逐渐变长。对于通过流量的改变作为产卵刺激因素的鱼类来说，产卵活动将受到干扰和抑制，日期将延后，有些鱼类没有受到流量的刺激，反而没有产卵活动。经水库调节，下游河道中的流量也会随之发生变动，产粘性卵的鱼类，往往会把卵排在产卵场底部粘附在砾石或泥沙中，而河道中突然增大的下泄流量，导致产卵场底部的新生卵伴随砾石和泥沙一起被冲下下游，大大降低了卵的孵化率。因此，流量的变化对产粘性卵鱼类的繁殖和生长产生巨大影响。加拿大的 Dam Bell River 由于下泄流量由 $31 \sim 133 \text{m}^3/\text{s}$ 到 $28 \sim 263 \text{m}^3/\text{s}$ 之间变动，导致鳟鱼和鲑鱼的数量减少。

（5）泥沙含量的改变。库区蓄水后，对上游来流进行拦截，使上游的泥沙沉积在库区中。由于水库下泄的是"清水"而不是原来夹带泥沙的水流，对下游河床大肆冲刷使河道内泥沙含量显著降低，泥沙组成变细。而绝大多说鱼类是在河床和河岸带进行生产和繁殖的，泥沙的来源中断了，使得在河床和河岸带生活的鱼类的生存环境受到影响，久而久之甚至威胁到其生存。

（6）水质的改变。大坝建成蓄水后，大量的上游来水被拦截在库区中，包括随水流漂来的枯树烂木、动物尸体或者其他被废弃在河流的污染物，都会被留置在库区，最终成为腐殖质，腐殖质含有大量的碳、氮、磷，污染水体，同时为藻类生长提供能源。有研究表明[79]，水质与水温也有一定关系，在气温骤降时，多在秋冬和冬春交替之际，此时 N 的总含量和悬浮物都迅速增多，造成库区水体浑浊，颜色发黑，透明度降低，水体的自净能力下降，水质显著下降，容易引起其他动植物的死亡。

（7）pH 的改变。由于叶绿素含量的多少是鉴定水体中藻类植物含量的一个重要化学指标[52]，所以度量 pH 的高低，研究人员往往通过叶绿素的含量来计算碳酸盐含量的多少，而进而分析水体的 pH 高低。建坝蓄水后，由于太阳辐射，流速降低，水体中碳含量增多，导致藻类植物的呼吸和光合作用增强，引起藻类植物的疯狂增长，消耗大量的 CO_2 和 H^+，pH 值逐渐升高，最终引起 pH 值超标。

（8）河床底质的改变。水库建成运行后，下泄的水流冲刷下游河床，河床原有的天然底质被改变，卵石、砾石、泥沙等颗粒组成被大量冲走，泥沙含量显著降低，颗粒变细。河床的冲刷引起河床的纵向变形，含沙量的不同所引起的冲刷类型也有所不同：含沙量较小的河流，水库下泄流量时，激起泥沙的紊动冲下下游，经过河岸阻挡和水流逐渐趋于平稳，紊动的泥沙渐渐静止，造成该河道一部分被冲刺，另一部分发生淤积：含沙量较大的河流，由于水库的拦蓄作用把大量泥沙拦在库区，下泄的大量"清水"，将对下游含沙量丰富的河床进行长距离冲刷，引起河床重塑，从而引起动植物群落和生境的变化。

（9）溶解氧的改变。库区大量蓄水后，水面较平静，流速降低，导致库区里的藻类等厌氧植物和细菌疯长，特别是在气温下降时，库区水体表层与底层产生对流，水体发生翻动，底泥中动植物的腐体和腐殖质上浮，大量的溶解氧被消耗，引起水体中含氧量迅速降低，库区的底栖无脊椎动物、鱼类和其他植物将会因缺少氧气和阳光大量死亡。

（10）营养物质的改变。由库区水温、流速、溶解氧的综合影响，库区的藻类植物大量繁殖，光合作用增强，再加上有时水体的翻动现象，造成水体的碳、氮、磷含量呈总体逐渐增多趋势。氮、磷含量的增加，有助于浮游植物的发展，养育了其他底栖无脊椎动物和小型浮游动物，底栖无脊椎动物和小型浮游动物的生长和发展又为大型浮游动物和鱼类提供丰富的食物来源，该食物链过程，帮助氮和磷含量的降低，有助于水质的提高。因此，注重调整各生物之间的比例是维持水体营养物质平衡的关键举措。

2.4　河流水流情势与生态效应理论

2.4.1　河流水流情势与水生生物多样性之间的关系

河流水流情势是河流的各个水文要素随着时间而发生的变化情况，包括流量大小、水深、流速、洪水或干旱频率、洪水或干旱大小以及流量变化率等。河流水流情势的变化通常潜移默化地影响着泥沙输移，营养物、溶解氧、有害物质等水质的改变，导致能量输入、输出更替不断，进而影响河流水生生物栖息地多样性、连通性及稳定性，使得种群结构、物种入侵等生物间的相互作用加强，这些变量构成了河流生态系统的多样性与完整性。河流水流的变化引起泥沙动态发生变化，进而影响河道和三角洲形状、河床稳定性、浅滩、深潭、漫滩、激流区和净水区等栖息生境的分布。河流水流和泥沙情势驱动水生生物赖以生存的栖息地结构和多样性形成，复杂多变的生态环境格局直接影响物种丰度及水生群落多样性，传递给无脊椎动物、鱼类及其他大型脊椎动物等生命循环和生命规律的信号。因此，河流水流情势是河流生态系统健康稳定及可持续发展的原始驱动力，图 2-3 描述了河流水流情势在河流生态系统中的作用。

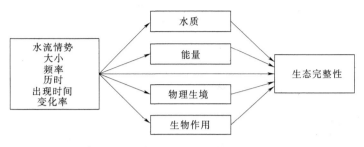

图 2-3 河流水流情势的生态效应

河流水流情势的变化过程主要包括了流量大小、频率、发生时间、历时和变化率等，这五大水文要素特征与河流生态系统有着密不可分的联系，图 2-4 将典型的河流水流情势的变化过程简化为一个单峰的曲线，反映了河流水流情势与河流水生生物多样性之间的关系。

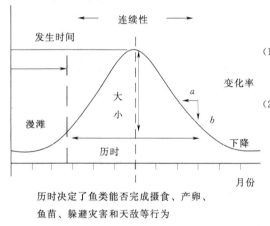

图 2-4 河流水流情势要素与水生生物关系

2.4.2 河流水沙情势变化及其生态影响

梯级水库对河流水流情势的改变主要表现在水流均一和泥沙拦截，进而改变河流生态系统纵向、横向的连续性，削减天然水流状况下的丰枯变化，扰乱水流运动与泥沙输移之间的动态平衡，从而改变了不同空间尺度下的栖息地地貌特征、结构及多样性。由于河流梯级开发等人类活动不可逆性和河流生态系统自我修复过程的漫长性，急剧的开发可能会造成河流生态系统的萎缩和崩溃，从而影响其生态服务功能和人类生活生产，图 2-5 反映了河流水流情势破坏引起的河流生态系统的不利影响。因此，保证梯级开发下河流水沙情势不过度改变是维持河流生态环境稳定和生态系统健康、保障河流生物多样性的基础。

河流生态系统自然状态

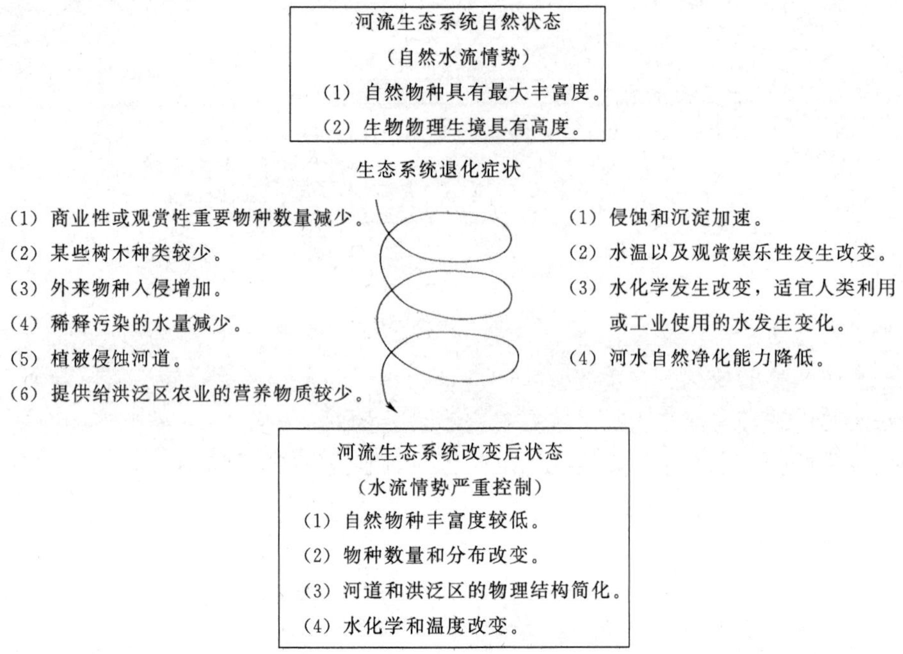

（自然水流情势）

（1）自然物种具有最大丰富度。

（2）生物物理生境具有高度。

生态系统退化症状

（1）商业性或观赏性重要物种数量减少。

（2）某些树木种类较少。

（3）外来物种入侵增加。

（4）稀释污染的水量减少。

（5）植被侵蚀河道。

（6）提供给洪泛区农业的营养物质较少。

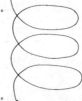

（1）侵蚀和沉淀加速。

（2）水温以及观赏娱乐性发生改变。

（3）水化学发生改变，适宜人类利用
或工业使用的水发生变化。

（4）河水自然净化能力降低。

河流生态系统改变后状态

（水流情势严重控制）

（1）自然物种丰富度较低。

（2）物种数量和分布改变。

（3）河道和洪泛区的物理结构简化。

（4）水化学和温度改变。

图 2-5 河流生态系统变化过程

第3章 研 究 区 概 况

3.1 长江流域概况

长江流域位于北纬24°~35°，东经90°~122°之间，发源于青藏高原的唐古拉山脉各拉丹冬峰西南侧，流经青海、西藏、重庆、湖北、湖南等11个省（自治区、直辖市），在崇明岛注入东海，全长6211.31km，流域面积约180万km²，是我国第一大河，也是仅次于尼罗河和亚马逊河的世界第三大河（图3-1）。长江流域分为上游、中游和下游地区，其中上游地区处于第一、第二阶梯，地势较高，中下游处于第三阶梯，地势较低平，上游与中下游落差可高达5000m。

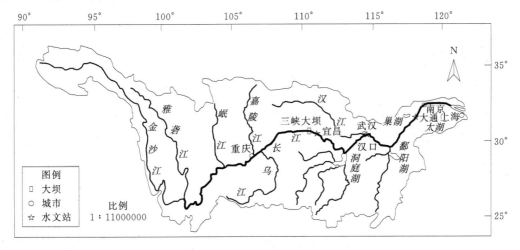

图3-1 长江流域水系图

长江水系大约有7000余条支流。流域面积在1000km²以上的支流有超过400条；1万km²以上的有49条；8万km²以上的有8条。长江流域湖泊面积约占全国湖泊总面积的20%之多。

长江流域地处亚热带季风气候区，年降雨量大部分是由于夏季风的影响。降水丰沛，但时空分布不均，降雨分布为由西北向东南递增。

3.2 长江流域水电开发概况

3.2.1 长江流域已建电站开发现状

根据1990年国务院批准同意的《长江流域综合利用规划简要报告》，流域综合利用规划的任务包括水资源开发利用、防洪、治涝、水力发电、灌溉、航运、水土保持、中下游干流河道整治、南水北调、水产、下流沿江城镇布局、城市供水、水源保护与环境影响评价、旅游等，并指出流域规划工作要坚持"统一规划，全面发展.适当分工，分期进行"的基本原则，正确地解决远景与近期，干流与支流，上、中、下游，大、中、小型，防洪、发电、灌溉与航运，水电与火电，发电与用电，整体与局部以及水土和生物资源的利用与保护等方面的关系。

长江流域规划修建装机容量大于 1000 万 MW 的大型水电站 44 座，其中装机容量 1000 万～2000 万 MW 的 21 座，2000 万～5000 万 MW 的 17 座，5000 万～10000 万 MW 的 3 座，大于 10000 万 MW 的 3 座，总装机容量 13.2975 亿 MW，年发电量 6639.1 亿 kW·h，占全流域可能开发水能资源的 67.4%，装机容量大于 1000 万 MW 的大型水电站有 40 座，分布在长江上游干流和雅砻江、大渡河、乌江等支流。表 3-1 给出了部分已建、在建电站的基本情况。

表 3-1　　　　　　　　　　长江流域主要电站的基本情况

序号	电站名称	所在河流	建设地点	装机容量/万 kW	年发电量/(亿 kW·h)	开工时间
1	柘溪	资水	湖南安化	44.75	21.46	20 世纪 50 年代
2	丹江口	汉江	湖北丹江口	90.0	38.3/33.78	20 世纪 50 年代
3	龚嘴	大渡河	四川乐山	70.0	38.95/45.21	20 世纪 60 年代
4	碧口	白龙江	甘肃文县	30.0	14.63	20 世纪 60 年代
5	葛洲坝	长江干流	湖北宜昌	271.5	157/159	20 世纪 70 年代
6	乌江渡	乌江	贵州遵义	125.0	40.56	20 世纪 70 年代
7	东江	耒水	湖南资兴	50.0	12.3	20 世纪 70 年代
8	凤滩	酉水	湖南沅陵	80.0	24.88/26.56	20 世纪 70 年代
9	安康	汉江	陕西安康	85.25	28.6	20 世纪 70 年代
10	铜街子	大渡河	四川乐山	60.0	29.56/32.68	20 世纪 80 年代
11	宝珠寺	白龙江	四川广元	70.0	23.0	20 世纪 80 年代
12	东风	乌江	贵州清镇、黔西	69.5	24.24	20 世纪 80 年代
13	隔河岩	清江	湖南长阳	120.0	30.4	20 世纪 80 年代
14	五强溪	沅水	湖南沅陵	120.0	53.7/59.55	20 世纪 80 年代
15	万安	赣江	江西万安	50.0	15.16/16.09	20 世纪 80 年代
16	三峡	长江干流	湖北宜昌	2250.0	884/889	20 世纪 90 年代
17	二滩	雅砻江	四川攀枝花	330.0	170/198.8	20 世纪 90 年代
18	江垭	溇水	湖南慈利	30.0	7.56	20 世纪 90 年代
19	溪洛渡	长江干流	云南永善、四川雷波	1260.0	649.83	21 世纪初
20	向家坝	长江干流	云南水富、四川宜宾	64.0	330.6	21 世纪初
21	锦屏一级	雅砻江	四川盐源	360.0	184	21 世纪初
22	锦屏二级	雅砻江	四川盐源	480.0	249.9	21 世纪初
23	紫坪铺	岷江	四川都江堰	76.0	34.2	21 世纪初
24	瀑布沟	大渡河	四川汉源、甘洛	330.0	145.8/146.4	21 世纪初

序号	电站名称	所在河流	建设地点	装机容量/万 kW	年发电量/(亿 kW·h)	开工时间
25	引子渡	三岔河	贵州平坝、织金	36.0	9.78	21 世纪初
26	索风营	乌江	贵州黔西、修文	60.0	20.11	21 世纪初
27	构皮滩	乌江	贵州余庆	300	96.67	21 世纪初
28	思林	乌江	贵州思南	100.0	38.7/40.51	21 世纪初
29	沙沱	乌江	贵州沿河	112.0	45.58	21 世纪初
30	彭水	乌江	重庆彭水	175.0	63.51	21 世纪初
31	洪家渡	六冲河	贵州织金、黔西	60.0	15.59	21 世纪初
32	江口	芙蓉江	重庆武隆	30.0	10.7/10.88	21 世纪初
33	水布垭	清江	湖北巴东	184.0	39.8	21 世纪初
34	三板溪	清水江	贵州锦屏	100.0	24.28	21 世纪初
35	石堤	酉水	重庆秀山	30.0	7.78	21 世纪初
36	潘口	堵河	湖北竹山	51.0	10.36	21 世纪初
37	亭子口	嘉陵江	四川苍溪	110.0	29.67	21 世纪初
38	峡江	赣江	江西峡江	30.0	11.6	21 世纪初
39	黄龙滩	堵河	湖北十堰	49.0	7.59/10.3	20 世纪 80 年代
40	柘林	修河	江西永修	42.0	6.9	20 世纪 50 年代
41	草街	嘉陵江	重庆	50.0	16.92	21 世纪初
42	深溪沟	大渡河	四川双源、甘洛	64.0	28.94	21 世纪初
43	江坪河	溇水	湖北鹤峰	45.0	9.64	21 世纪初
44	托口	沅江	湖南怀化	83.0	21.31	21 世纪初

3.2.1.1 三峡工程概况

三峡工程包括枢纽工程、移民工程和输变电工程三部分，三峡水利枢纽工程横跨在长江干流，是迄今为止建设规模最大、耗资最多的水利工程项目。20 世纪初，孙中山先生就在《实业计划》中提出了建设三峡工程的设想。1979 年 9 月，三斗坪坝址被推荐为三峡枢纽坝址。三峡工程在 1985—1992 年进行了移民试点。1993 年，国务院成立了以李鹏总理为主任委员的三峡工程建设委员会。1994 年，三峡水利枢纽工程开始兴建。1997 年 11 月 18 日，三峡工程大江截流成功。2003 年 6—7 月，三峡工程蓄水二期施工阶段结束，三峡工程初期蓄水达到 135m，三峡工程首批机组成功发电。2006 年 10 月蓄水位升至 156m，2009 年年底，三峡工程全面建成，正常蓄水位达到 175m。

三峡水库坐落在宜昌市境内的三斗坪，全长 667km，平均宽度仅为 1576m，是一个典型的狭长河道型水库。水库坝顶高程为 185m，正常蓄水位为 175m，正常蓄水总库容为 393 亿 m³，枯水期最低消落水位为 155m，防洪限制水位为 145m，防洪库容为 221.5 亿 m³。三峡水库在汛期（6—9 月）水库水位一般要维持在防洪限制水位 145m 运行，从 9 月汛期末，由于拦截来水的作用，水库水位会逐渐升高到正常蓄水位 175m，高水位运行一直维持到次年 4 月底，5 月始，三峡大坝流量下泄，水位降低至 155m（最低消落水位）。直到 6 月降低至防洪限制水位 145m。三峡大坝的主要设计指标与发电指标见表3－2。

表 3－2　　　　　　　　　　　三峡水库主要设计和发电指标

序号	名称	单位	数值	备注
1	坝顶高程： 最大坝高 坝轴线长	m m m	185 181 2309.5	
2	水库水位： 正常蓄水位 防洪限制水位 枯季消落低水位 设计洪水位（千年一遇） 校核洪水位	m m m m m	175 145 155 175 180.4	初期 156 初期 135 初期 140 初期 170
3	水库库容面积	km²	1084	
4	水库库容： 总库容 防洪库容 兴利调节库容 死库容	亿 m³ 亿 m³ 亿 m³ 亿 m³	393 221.5 165 171.5	正常蓄水位以下 水位 145～175m 水位 155～175m 145m 以下
5	装机容量： 左岸电站 右岸电站	MW MW MW	18200 9800 8400	26 台机组，单机容量 700MW 14 台机组 12 台机组
6	保证出力	MW	4990	初期 3600
7	多年平均发电量	亿 kW·h	846.8	初期 705.27
8	年利用小时数	h	4650	初期 3960
9	单机容量	MW	700	
10	水头： 最大水头 最小水头 额定水头 平均水头	m m m m	113 71 80.6 90	围堰发电期、初期最小水头61m 左岸电站 左岸电站
11	机组额定工况过流量	m³/s	996.4	左岸电站

　　三峡工程是当今世界上承担综合任务最多最繁重的水利工程，三峡工程为国家奉献了巨大的防洪、发电、供水灌溉、养殖、旅游、航运、水资源配置、节能减排等惠及国内民生的综合效益。例如自 2003 年以来，我国电力负荷呈持续上升趋势，与此同时，传统发电所需要的煤油等资源的供需也日益紧张。三峡水电站的建成，有效地缓解国内电力方面的压力，三峡水电站成为我国重要的电网骨干。与此同时，三峡水库的生物种类组成、生物栖息地分布和相应河流的生态系统功能等的长期不良影响已经显现出来，威胁着生物的生存，地区地质灾害的频发也对人类的生活环境和质量造成显著影响。

3.2.1.2 葛洲坝工程概况

葛洲坝工程是长江流域上建设的第一个大坝,位于湖北省宜昌长江三峡出口,距南津关 2.3km,是三峡工程重要的组成部分,被称为三峡工程的配套工程。葛洲坝工程于1971年开工建设,1988年12月全部竣工,葛洲坝工程主要由电站、船闸、泄水闸、冲沙闸等组成,控制流域面积 100 万 km^2,总库容量 15.8 亿 m^3。电站装机 21 台,年均发电量 141 亿 $kW \cdot h$。建船闸 3 座,可通过万吨级大型船队。27 孔泄水闸和 15 孔冲沙闸全部开启后的最大泄洪量,为 11 万 m^3/s。葛洲坝大坝的主要任务是利用和三峡大坝之间的 20 余米水头进行发电,同时改善两坝之间 38km 的航道条件,对三峡电站尾水进行"反调节",减轻三峡电站日调节带来的水位上下变幅过大对航运的不利影响。葛洲坝水库的主要设计指标和发电指标见表 3-3。

表 3-3 葛洲坝水库主要设计指标和发电指标

序号	名称	单位	数值
1	坝顶高程	m	70
2	校核洪水位	m	67
3	设计洪水位	m	66
4	正常运行水位	m	66
5	最低运行水位	m	63(暂定)
6	校核洪水流量	m^3/s	110000
7	设计洪水流量	m^3/s	86000
8	总库容	亿 m^3	15.8(为葛洲坝单独运用)
9	两坝间 66m 库容	亿 m^3	7.11
10	63m 库容	亿 m^3	6.27
11	总装机容量 其中:大江电站 二江电站	MW MW MW	2715 1750 965
12	大机单机容量	MW	170
13	小机单机容量	MW	125
14	98% 的保证出力	MW	768
15	多年平均发电量	亿 $kW \cdot h$	157
16	年利用小时数	h	5200
17	电站最大引用流量 最大水头 最小水头 设计水头 平均水头	m^3/s m m m m	17900 27 8.3 18.6 20.5

3.2.2　规划拟建电站开发情况

截至 2005 年，金沙江可开发、在建水电站共 52 座，可开发装机容量为 11715 万 kW。长江上游主要一级支流岷江、沱江、嘉陵江和乌江已开发、拟建开发以及在建的水电站为 87 座，可开发装机容量达 16798 万 kW。图 3-2 所示为金沙江下游至宜昌段梯级电站位置。

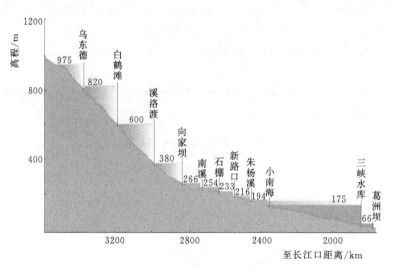

图 3-2　长江上游梯级电站高程位置图

金沙江下游干流河段分为四级开发方案，水电站从上游至下游依次为乌东德、白鹤滩、溪洛渡、向家坝。研究河段梯级开发规划下接三峡水库、葛洲坝，目前，三峡枢纽已基本达到设计标准，回水至重庆。宜宾至重庆河段规划的 5 个梯级，自上而下为南溪水电站、石棚水电站、新路口水电站、朱杨溪水电站和小南海水电站，其基本情况如下：

（1）南溪水电站。南溪水电站位于南溪县城上游 16km。坝址枯水高程 253.45m，正常蓄水位 266m，控制流域面积 60.1 万 km^2，坝址处多年平均流量 7600m^3/s，河道落差 12m，改善航道长度 76.7km。

（2）石棚水电站。石棚水电站位于四川省泸州市纳溪区大中坝，坝址枯水高程 232m，控制流域面积 61.78 万 km^2，坝址处多年平均流量 7840m^3/s，正常蓄水位 254m，河道落差 21m，改善航道长度 74.5km。

（3）新路口水电站。新路口水电站位于四川省泸州市新路口村下游 1km。坝址枯水高程 215.27m，坝址处多年平均流量 8290m^3/s，控制流域面积 64.96 万 km^2，正常蓄水位 233m，河道落差 17m，改善航道长度 72.1km。

（4）朱杨溪水电站。朱杨溪水电站位于重庆朱杨溪下游 2km。坝址枯水高程 193.4m，控制流域面积 69.47 万 km^2，坝址处多年平均流量 8454m^3/s，正常蓄水位 216m，河道落差 21.7m，改善航道长度 78.6km。

（5）小南海水电站。小南海水电站位于重庆市巴南区珞璜镇下游 1km。正常蓄水位 194.3m，控制流域面积 70.5 万 km^2，坝址处多年平均流量 8610m^3/s，改善航道长度 91.1km。

3.3 长江重要生物资源概况

长江流域是我国淡水渔业的摇篮，长江流域的鱼类资源无论从数量还是种类上都位居我国各水系之首，长江流域现有水生生物1100多种，其中有鱼类370种，分属于17目，52科，178属，占我国淡水鱼总数的48%，底栖动物220多种和其他上百种水生植物，居亚洲各水系之首。其中，鲤科鱼类164种，占长江水系鱼类总数的46.51%，且多为经济鱼类，其中以"四大家鱼"（青鱼、草鱼、鲢鱼、鳙鱼）最为著名；其次为鳅科30种，占8.02%；鮡科25种，占6.68%；鰕虎鱼科20种，占5.34%，平鳍鳅科16种，占4.2%；其他47科115种，占30.74%。370种鱼类中，纯淡水性鱼类294种，咸淡水鱼类22种，海淡水洄游性鱼类9种，海水鱼类45种。长江上游地区鱼类，由于受到特殊的自然条件影响，种类繁多，共有209种，其中仅见于上游水体的有70种；中游地区鱼类215种，其中仅见于中游地区的鱼类有42种；下游地区鱼类有129种，其中仅见于下游地区的鱼类有7种；河口地区鱼类126种，仅见于河口地区的鱼类有54种；长江干流上、中、下游共有的鱼类有78种。长江的鱼类中有9种列入国家重点保护动物名录，其中Ⅰ级保护动物3种，分别是中华鲟、达氏鲟、白鲟。Ⅱ级保护动物6种，分别是川陕哲罗鲑、胭脂鱼、滇池金线鲃、大理裂腹鱼、花鳗鲡、松江鲈鱼。长江鱼类资源无论种类还是数量都在世界上占据重要位置。

但是近年来由于水利工程的建设、水质污染以及围湖造田等多种原因，长江流域的渔业资源受到严重影响，多种珍稀鱼类受到影响甚至面临濒危。主要表现在：渔业资源捕捞量的剧减、江湖洄游（刀鲚等）和半洄游鱼类（"四大家鱼"等）在渔获物中的比例严重下降，定居性鱼类（鲤、鲶类等）在渔获物中的比例稳定，低龄鱼增多、但高龄鱼和主要经济鱼类减少。

第4章 长江上游生态水文情势变化及生态影响

4.1 长江上游典型区概况

研究区域为长江上游宜宾至重庆干流江段，总长 416km，长江上游宜宾至重庆段是指重庆至宜宾的长江上游川渝滇黔四省市的交界地区（图4-1），涉及四川、云南、贵州、重庆4省（直辖市）的 100 多个县，是国家西部大开发的重要地区，流域总面积 164273.8km² 。流域承接岷江、嘉陵江、乌江、沱江、金沙江以及赤水河的部分河段[82]。长江上游宜宾至重庆段既是以长江上游干流为纽带和经济社会关系密切的一个跨省市行政区域，又是整个长江经济带和长江黄金航道上游尚未综合开发的区域。该区域不仅具有较强的发展潜力，而且可以为整个长江经济带的综合开发提供重要支持，为缩小长江经济带的上中下游发展差距和国家实施区域发展总体战略作出重要贡献，对该区域河道进行综合开发，而梯级开发是河道综合开发最常见的方式。

长江上游宜宾至重庆干流段梯级规划自上而下形成南溪、石棚、新路口、朱杨溪和小南海水电站五级开发的总体布置，五个电站首尾衔接，最上一个梯级与向家坝尾水衔接，最下游一个梯级与三峡尾水衔接。

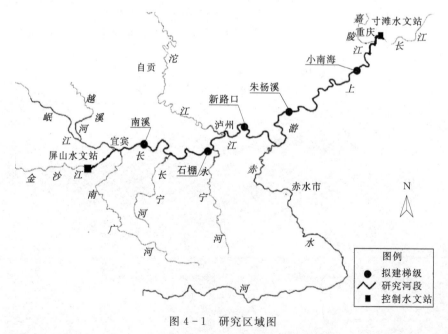

图4-1 研究区域图

长江上游宜宾至重庆干流段全长约 416km，向东流经宜宾县、宜宾市、南溪县、江安县、泸州市，在合江县折向东北，进入重庆境内。沿途汇入的支流有横江、岷江、南广河、长宁河、永宁河、沱江、赤水河和綦江等 40 余条（图 4-2）。

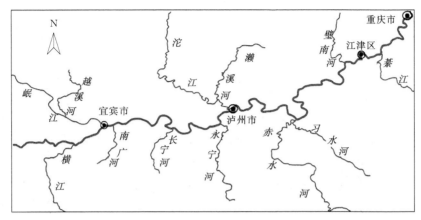

图 4-2 长江上游宜宾至重庆段水系图

同时，长江上游宜宾至重庆干流段也是生物多样性宝库和全流域生态安全的关键区域，该段位于长江上游珍稀、特有鱼类国家级自然保护区内，跨越四川、贵州、云南、重庆 4 省（直辖市），长江干流段从金沙江下游向家坝延伸至重庆市珞璜镇地维大桥，包括干流和支流在内的保护区河流总长度 1138.31km，总面积 317.14km²[83]。长江干流宜宾至重庆段分布有鱼类 166 种，其中属于珍稀、特有鱼类共 48 种，具有重要的保护价值，因此开展梯级开发规划对鱼类的影响研究是在长江上游综合开发利用规划中要重点考虑的课题。

4.2 数据与方法

梯级开发通过改变水文要素进而对鱼类产生影响，本文选择研究河段上下两个水文站作为控制断面，从水文学角度分析规划实施前长江上游水文生态要素变化特征，并基于鱼类保护的目的提出河道内环境流量，为降低河流开发对生态系统的负面影响、建立生态水电开发模式和合理的开发方案以及实现开发与保护并重提供参考。

4.2.1 数据资料

研究河段为长江上游宜宾至重庆干流江段 416km，以研究河段干流上、下两个临界断面上的两个控制水文站屏山水文站和寸滩水文站 1956—2012 年 57 年的日流量序列、1965—2011 年 47 年的日输沙率序列等水文资料为基础数据进行分析研究。

屏山水文站位于金沙江、岷江汇口上游 59.5km，始建于 1939 年 8 月，2012 年后改为水位站，其水文站功能由向家坝下的向家坝专用水文站代替，集水面积 458600km²，多年平均径流量为 1506 亿 m³，多年平均流量为 4503.4m³/s，多年平均输沙率为 7.45kg/s。

寸滩水文站位于重庆市寸滩镇长江干流和嘉陵江汇合口下游 7.5km 处，集水面积为 866559km²，该站多年平均年径流量 3456 亿 m³，多年平均流量为 10743.94m³/s，多年平均输沙率为 11.45kg/s，控制着金沙江、岷江、沱江、嘉陵江及长江上游干流的来水，是长江上游的主要控制站[84]。寸滩水文站测验河段河道稳定，断面变化不大，水位流量关系基本稳定，水沙资料精度较高，可供本研究使用。

4.2.2　分析方法

4.2.2.1　基于小波消噪的趋势性分析

小波分析是 1984 年法国油气工程师 Morlet 提出的一种时频可调节的局部化分析方法，可以通过多尺度变化对信号或者时间序列进行粗细不等的多分辨分析，成功地解决了Fourier 傅里叶变换视频分辨率固定不变的问题，是 Fourier 傅里叶分析发展史上的一个里程碑式的进展。随着 Kunar 和 Foufoula-Georgiou 等大量学者将小波分析引进水文学领域[85,86]，小波分析的优势逐渐在水文时间序列变化特征分析上发挥了重要的作用，其主要表现在水文时间序列的滤波与消噪、多尺度分析、趋势性和周期性等变化特性识别等方面。

（1）小波函数。小波分析的关键和前提是引入满足一定条件，具有震荡特性，能够迅速衰减到零的适合的基本小波函数或小波基 $\psi(t)$，$\psi(t) \in L^2(R)$，$\hat{\psi}(\omega)$ 是 $\psi(t)$ 的傅里叶变换，$\psi(t)$ 满足允许性条件：

$$C_\psi = \int_{-\infty}^{\infty} \frac{|\hat{\psi}(\omega)|^2}{|\omega|} \mathrm{d}\omega < \infty \qquad (4-1)$$

或

$$\int_{-\infty}^{+\infty} \psi(t) \mathrm{d}t = 0 \qquad (4-2)$$

$\psi(t)$ 可以经过尺度上的伸缩和时间上的平移得到一个小波序列或一族函数：

$$\psi_{a,b}(t) = |a|^{-1/2} \psi\left(\frac{t-b}{a}\right) \quad (a, b \in R, a \neq 0) \qquad (4-3)$$

式中：$\psi_{a,b}(t)$ 为分析小波序列或子小波；a 为尺度伸缩因子，反映小波的周期长度；b 为时间平移因子，反应时间上的平移。

不同的小波函数有不同的表达式，分析结果也会有所差异，常见的小波函数有Mexian hat 小波（简称 Marr 小波）、Wave 小波、Morlet 小波、Haar 小波、Meyer 小波、Dau-bechis 小波（简称 Db 小波）等[87]。

（2）小波变换。对于给定的小波函数，若能量有限且连续的信号 $f(t) \in L^2(R)$ 满足：

$$\int_{-\infty}^{\infty} |f(t)^2| \mathrm{d}t < \infty \qquad (4-4)$$

则其连续小波变换（Continue Wavelet Transform，CWT）为

$$W_f(a, b) = |a|^{-1/2} \int_R f(t) \overline{\psi}\left(\frac{t-b}{a}\right) \mathrm{d}t \qquad (4-5)$$

式中：$W_f(a, b)$ 为小波变换系数；a 为尺度伸缩因子；b 为时间平移因子；$\overline{\psi}\left(\dfrac{t-b}{a}\right)$ 为 $\psi\left(\dfrac{t-b}{a}\right)$ 的复共轭函数。

为了在计算中减少小波变换系数的冗余度，常将连续尺度伸缩因子 a 和连续时间平移因子进行离散化处理，即离散小波变换（Discrete Wavelet Transform，DWT）为

$$W_f(a, b) = |a|^{-1/2} \Delta t \sum_{k=1}^{N} f(k\Delta t) \overline{\psi}\left(\frac{t\Delta t - b}{a}\right) \qquad (4-6)$$

式中：$f(k\Delta t)$ 为信号（$k=1, 2, \cdots, N$）；Δt 为取样间隔。

由小波变换得到的小波系数 $W_f(a, b)$，是信号 $f(t)$ 或 $f(k\Delta t)$ 在时域和频域上的投影，通过调节 a 和 b 的大小反映信号的时频变化特征，实现对信号多时间尺度特征和组成结构的分析。

（3）小波方差。对不同尺度下所有小波系数的平方值在时间域上积分，可得到小波方差，即

$$\text{Var}(a) = \int_{-\infty}^{\infty} |W_f(a, b)|^2 \mathrm{d}b \qquad (4-7)$$

小波方差 $\text{Var}(a)$ 反映了信号在不同尺度下周期震荡的强弱，小波方差随尺度 a 的变化过程，称为小波方差图，反映信号能量随尺度 a 的分布，可以用来确定信号中不同种尺度扰动的相对强度和存在的主要时间尺度，即主周期。

（4）小波分解与重构。1988 年 Mallat 在构造正交小波基时创造性地结合多尺度分析的概念，提出了正交小波的金字塔算法，即信号 $f(t) \in L_2(R)$ 可以分解 n 次，获取分辨率为 2^{-n} 的低频序列（或近似序列）和分辨率为 $2^{-j}(1 \leqslant j \leqslant n)$ 的高频序列（或细节序列），并进行重构。低频序列通常反映了原始信号的主要信息，高频序列则通常包含了噪音或者扰动的伪信息。多尺度分析时每层分解只针对低频部分，不考虑高频部分，根据小波不同尺度的分解得到的第 n 层的低频部分和经过阈值量化处理后的第 1 层到第 n 层的高频部分对信号进行重构，即

$$f(t) = C_n + D_n + D_{n-1} + \cdots + D_2 + D_1 \qquad (4-8)$$

式中：t 为信号；C 为低频近似部分；D 为高频细节部分；n 为分解层数。

以 3 层分解为例：

$$f(t) = C_0 = C_3 + D_3 + D_2 + D_1 \qquad (4-9)$$

Mallat 小波分解和重构算法的过程如图 4-3 所示，其中 C_0 为原始信号，C_1、C_2、C_3 分别为第一层、第二层、第三层分解（重构）得到的低频序列，H 表示分解低频滤波，H^* 表示重构低频滤波，D_1、D_2、D_3 分别为第一层、第二层、第三层分解得到的高频序列，G 表示分解高频滤波，G^* 表示重构高频滤波。

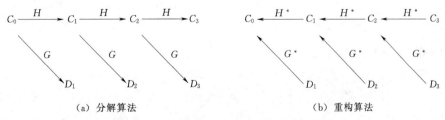

（a）分解算法　　　　　　　　　（b）重构算法

图 4-3 Mallat 小波分解和重构算法示意图

在实际应用 Mallat 算法进行信号分解与重构时，有限长的实际信号在处理边界时可

能会由于边界上数据的不连续性而造成数据分析越出有效范围之外，需要对其两端数据进行边界延拓，即增加数据长度，较为常用的方法是零值扩展、周期扩展、反射扩展和对称扩展。当计算完成后，再去掉增加数据的分析结果，保留原始长度数据序列的结果。

（5）趋势性分析。由于天然和人为因素的影响，原始的水文时间序列含有噪声等随机成分，这些随机成分往往会影响水文变化特征的识别效果，为了提高数据分析的可靠性和精度，应当剔除时间序列中的噪声部分，还原其真实的变化特性，对其进行消噪处理。

因为噪声多包含在较高频率序列中，所以小波消噪首先要对水文时间序列进行小波分解。水文时间序列的消噪是基于正交小波的 Mallat 算法进行的滤波，实现高频成分和低频成分的有效分离，将分解序列进行阈值量化处理并重构获得消噪序列。在消噪的过程中，通过重构低频成分，即过滤掉高频部分的扰动成分，保留某个特定低频范围的信号，可以进行水文时间序列不同尺度的趋势性分析。小波消噪的关键在于小波函数的选取、分解层数的确定、阈值的确定及高频系数的阈值量化。

本章采用 Db3 小波进行 4 层小波分解，利用 Stein 的无偏风险阈值方法确定每一层的阈值，并用软阈值处理进行每一个阈值的量化，最终得到消噪序列和经过重构的一定尺度下的低频序列，前者用于周期性和突变性分析，后者用于趋势性分析。

4.2.2.2　基于多时间尺度的周期性和突变性分析

水文系统变化是一个复杂的过程，水文时间序列通常存在多层次多分辨率的时间尺度结构和空间局部变化特性，即多时间尺度是水文时间序列变化过程中的重要特征。多时间尺度（Multiple Time Scales）是指水文系统变化并不存在真正意义上的特定周期，而是在不同的时间尺度下以不同变化周期出现，一般表现为大时间尺度的变化周期下包含了许多小时间尺度的变化周期。小波分析的时频多分辨功能更好地揭示了水文时间序列在不同时间尺度下的多种变化周期以及识别突变点。

基于多时间尺度变化特征的连续性，且复数形式的小波在应用中更加具有优势，本章选用 Morlet 连续复小波变换，通过分析水文时间序列的多时间尺度特征，进行周期性和突变性分析。

Morlet 复小波是一种单频复正弦调节高斯波，在时频两域均具有良好的分辨率，表达式为

$$\psi(t) = e^{i\omega_0 t} e^{-t^2/2} \tag{4-10}$$

式中：t 为时间；ω_0 为无量纲频率，当 $\omega_0 \geqslant 5$ 时 $\psi(t)$ 近似满足允许性条件，一般取 6。

通过 Morlet 连续复小波变换得到的小波变换系数具有实部和虚部两部分，包含实部和模两个有效信息，可以通过正负及大小分析水文周期性和突变性变化特征。

4.2.2.3　基于 IHA/RVA 法的天然水流情势特征分析

如何定量分析河流水流情势与水生生物之间复杂的关系，Richter 等根据河流水流情势的 5 大要素提出建立水文指标体系来反映河流水流情势的生态学意义，即水文变化指标（Indicators of Hydrologic Alteration，IHA）法，该指标体系将水文情势基本特征划分为5组，包括月平均流量大小、年水文状况极值大小和历时、年极值（最大和最小）流量发生时间、高流量脉冲和低流量脉冲频率和历时、水文状况改变率和频率等，共 33 个 IHA

指标，分别反映不同水文状况下的流量大小、发生时间、历时、频率和改变率等水文基本特征，且每一组的水文指标反映了不同水文特征变化对河流生态系统的生态含义。

为了降低水电开发对河流水文系统的负面影响，需要对未开发前的近似天然水流情势特征进行分析研究。

IHA 法是 1996 年 Richter 等为了定量分析河流水流情势与水生生物之间复杂的关系，基于天然水流情势理论，提出的一套生态水文指标体系用以评估生态水文变化过程，并通过偏离度的概念定量分析了水文变异程度。该指标体系将水文情势基本特征划分为 5 组，包括月平均流量大小、年水文状况极值大小和历时、年极值（最大和最小）流量发生时间、高低流量脉冲频率和历时、水文状况改变率和频率等，共 32 个 IHA 指标，分别反映不同水文状况下的流量大小、发生时间、历时、频率和改变率等水文基本特征，且每一组的水文指标反映了不同水文特征变化对河流生态系统的生态效应[88,89]。

随着水利工程的增多、河流水能资源开发利用增强等人类活动的影响，河流断流情况日益增加，基流不能保证，1998 年，Richter 等结合实际情况将 IHA 指标增补至 33 个[90]，即第 2 指标组增加断流天数和基流指数等两个指标，第 5 指标组将涨水、落水次数两个指标合并为涨落次数 1 个指标，其具体指标及参数特征见表 4-1。

表 4-1 生态水文指标及其参数特征

IHA 指标分组	水文指标	生态效应
1. 月流量值	各月流量的均值或中值	（1）水生生物栖息地范围； （2）植物生长所需的土壤湿度； （3）陆生动物所需水量的易获性； （4）哺乳动物生活所需食物； （5）陆生动物饮水可靠性； （6）生物筑巢可能性； （7）影响水体水温、溶解氧大小和光合作用
2. 年水文极值大小和历时	年最小 1 日平均流量 年最小 3 日平均流量 年最小 7 日平均流量 年最小 30 日平均流量 年最小 90 日平均流量 年最大 1 日平均流量 年最大 3 日平均流量 年最大 7 日平均流量 年最大 30 日平均流量 年最大 90 日平均流量 断流天数 基流指数：年最小连续 7 日流量/年均值流量	（1）生物体间竞争与忍受的平衡； （2）提供给植物散布的条件； （3）构建生物和非生物因素组成的水生生态系统； （4）构建河流地形地貌以及物理生境条件； （5）河岸植物所需土壤湿度的压力； （6）动物脱水； （7）对厌氧植物的压力； （8）河流与洪泛区营养物质交换量； （9）较差水环境状况持续时间； （10）植物群落在湖泊、水塘和洪泛区分布状况； （11）用于河床泥沙中废物处理和产卵场通风的高流量持续时间

IHA 指标分组	水文指标	生态效应
3. 年极值水文状况发生时间	年最大流量发生时间	(1) 生物生命周期； (2) 对生物不利影响的预见性/可避性； (3) 产卵繁殖期间或是为了躲避捕捉能到达特殊栖息地； (4) 提供给洄游性鱼类产卵信号； (5) 生命历时进化
	年最小流量发生时间	
4. 高、低流量脉冲的频率及历时	每年高流量脉冲数	(1) 植物所需土壤含水胁迫的频率与大小； (2) 植物产生厌氧胁迫的频率与历时； (3) 洪泛区水生生物栖息的可能性； (4) 河流和洪泛区间营养及有机物质的交换； (5) 土壤矿物质的可得性； (6) 有利于水鸟捕食、栖息和筑巢繁殖等； (7) 影响河床泥沙分布
	每年低流量脉冲数	
	高流量脉冲持续时间的平均值或中值（天数）	
	高流量脉冲持续时间的平均值或中值（天数）	
5. 水流条件变化率及频率	流量平均增加率	(1) 对植物产生的干旱胁迫； (2) 生物体在洪泛区等地的截留； (3) 低游动性河滨生物体干旱胁迫
	流量平均减少率	
	水流涨落次数	

为了更好地衡量人类活动或气候因素对河流水流情势的影响程度和变化等级，Richter 等在 IHA 法的基础上于 1997 年提出了变动范围（Range of Variability Approach，RVA）法，用于进行影响前后单一水文变量和多水文变量改变的评定[89]。

IHA/RVA 法是在 IHA 法的基础上运用 RVA 进行评价不同时期综合水文变化特征，美国大自然保护协会根据 IHA/RVA 法开发了 IHA 软件，已广泛被应用于水文特征变化评估、生态需水及环境流量计算等[91]。IHA/RVA 法共包括 67 个统计指标，分为 33 个 IHA 生态水文指标和 34 个环境流量指标（Environmental Flow Components，EPC）两组，其中 IHA 生态水文指标用于评价天然水文情势特征或比较水文情势影响程度，EPC 环境流量组成指标用于计算河道内环境流量。

IHA 指标计算主要是以日流量过程为基础资料，采用参数或非参数方法对天然水流情势下的水文特征用 33 个水文指标以及平均值、标准差、中值、离散系数等统计参数来反映。根据天然水流情势设定 RVA 阈值或 RVA 目标，一般情况下以生物生态需求方面受影响的数据资料，或以各个指标的中值或 50% 频率上下浮动 25%，即 25% 和 75%，或以各个指标的平均值±标准差作为各个 RVA 阈值的上下限。

4.3　长江上游水沙变化特征分析

4.3.1　长江上游流量变化特征分析

4.3.1.1　流量趋势性分析

运用 Matlab 软件中的小波工具箱对原始序列进行不同尺度的多分辨率分解，从而得到消噪序列。采用 Db3 小波进行 4 层小波分解，利用 Stein 的无偏风险阈值方法确定每一层的阈值，并用软阈值处理进行每一个阈值的量化，最终分离出噪声，逐渐降低原始信号的复杂度，得到屏山站和寸滩站年均流量的消噪序列，如图4-4所示。

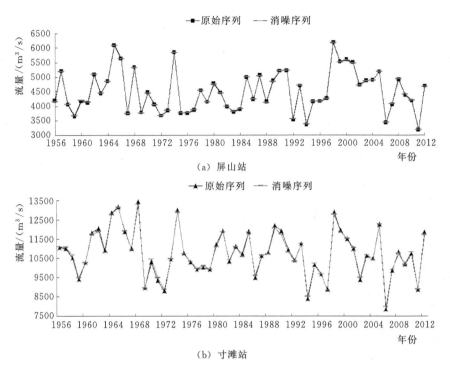

图4-4 年均流量原始序列和消噪序列

通过图4-4可以看出，消噪序列与原始序列相比更加平滑，去除了原始序列因偶然因素造成的异常点，在不影响主干信号的特性的基础上显示出信号正常变化特征。

采用Db3小波分别对屏山站和寸滩站年均流量原始序列进行4层小波分解，令高频序列为零，将得到的第4层的低频部分和经过阈值量化处理后的第1层到第4层的高频部分运用Mallat算法对信号进行重构，得到一定尺度下的低频序列用于趋势性分析，如图4-5所示。

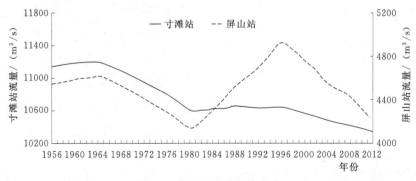

图4-5 年均流量趋势成分

图4-5是年均流量序列在尺度水平4下的趋势成分，可以清晰地识别出长江上游流量演变规律。屏山站1956—1964年流量处于相对平稳阶段，1965—1980年流量快速持续减小，1981—1997年出现逆转，逐渐回升呈现出快速增加的趋势，流量相对最低转折点

位于 1980 年，1997 年以后又出现快速减小的趋势，流量相对最高转折点位于 1997 年，目前仍有下降的趋势。寸滩站流量呈现出整体下降的趋势，1956—1964 年流量处于相对平稳阶段，1965—1981 年流量快速持续减小，与屏山站保持一致性，1981—1997 年再次出现相对平稳态势，1997 年以后流量处于缓慢减小的趋势，目前仍然处于下降趋势。

4.3.1.2　流量周期性和突变性分析

将屏山站和寸滩站的年均流量消噪序列进行距平处理，如图 4-6 所示。经过 Morlet 连续复小波变换，得到不同尺度下的小波变换系数，分别以 a、b 为纵、横坐标绘制小波变换系数的模平方图和实部图，如图 4-7 和图 4-8 所示。根据式（4-7）计算得出的小波方差，分别以时间尺度、小波方差为横、纵坐标，绘制的小波方差图如图 4-9 所示。

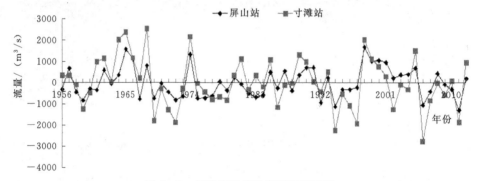

图 4-6　年均流量消噪序列距平过程

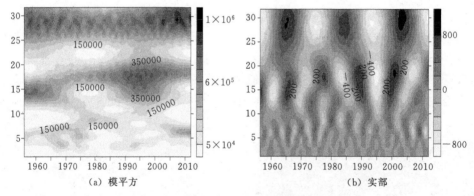

（a）模平方　　　　　　　　　　　（b）实部

图 4-7　屏山站年均流量距平序列小波系数模平方和实部时频分布

图 4-7（a）为屏山站年均流量距平序列小波系数模平方的等值线图，值越大表示流量在小波时间尺度变化域中的震荡波动能量越强。其中 13～18 年时间尺度上变化最强，能量最大，其显著的变化周期主要发生在 1989—2005 年，波动中心在 1995 年左右。5～7 年的时间尺度上变化也较强，其显著的变化周期主要发生在 2006—2012 年，波动中心在 2009 年左右。此外，在 27～30 年大时间尺度变化范围内整个时间域上能量震荡都较为明显，在 29 年尺度处震荡最为强烈，具有全局性。

图 4-7（b）为屏山站年均流量距平序列小波系数实部的等值线图，正负反映了流量的丰枯交替过程，大小表示周期变化显著度，零点对应着序列的突变点。其中 5～8 年、

13～19 年、25～32 年三个时间尺度丰枯变化最为明显。在 5～8 年时间尺度上 1956—1979 年的振荡频率较高,丰枯演变规律清晰,出现更多的丰枯交替过程。在 13～19 年(波动中心在 18 年)和 25～32 年(波动中心在 29 年)时间尺度上,年均序列贯穿整个时间域,表现出清晰的丰枯周期,且均具有一致的波幅震荡。通过模平方图和实部图分析得出,屏山站年均流量序列存在三个不同尺度的主周期,即 6 年、18 年和 29 年。

图 4-8(a)为寸滩站年均流量距平序列小波系数模平方的等值线图,值越大表示流量在小波时间尺度变化域中的震荡波动能量越强。其中 25～30 年时间尺度上变化最强,能量最大,其显著的变化周期主要发生在 1956—1975 年,波动中心在 1959 年左右。13～15 年的时间尺度上变化也较强,其显著的变化周期主要发生在 1956—1995 年,波动中心在 1965 年左右。此外,在 16～18 年、3～6 年时间尺度变化范围内能量震荡都较弱,具有局部性。

图 4-8(b)为寸滩站年均流量距平序列小波系数实部的等值线图,正负反映了流量的丰枯交替过程,大小表示周期变化显著度,零点对应着序列的突变点。其中 4～8 年、11～15 年、16～20 年、25～32 年 4 个时间尺度丰枯变化最为明显。在 4～8 年时间尺度上整个时间域上的振荡频率都较高,丰枯演变规律清晰,出现较多的丰枯交替过程。在 11～15 年(波动中心在 12 年)和 16～20 年(波动中心在 18 年)时间尺度上,年均序列具有局部性,分别在 1970—2000 年、1970—2012 年出现较为明显的丰枯交替过程。在 25～32 年(波动中心在 28 年)时间尺度上,年均序列贯穿整个时间域,表现出清晰的丰枯周期,且均具有一致的波幅震荡。通过模平方图和实部图分析得出,寸滩站年均流量序列存在四个不同尺度的主周期,即 6 年、13 年、18 年和 29 年。

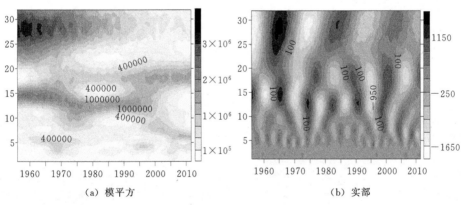

(a)模平方　　　　　　　　　　　(b)实部

图 4-8　寸滩站年均流量距平序列小波系数模平方和实部时频分布

从图 4-9 中的屏山站年均流量距平序列小波方差曲线可以看出,时间尺度为 6 年、18 年和 29 年的小波方差最显著,即存在 29 年、18 年和 6 年分别对应第一主周期、第二主周期和第三主周期。寸滩站年均流量距平序列小波方差曲线可以看出,时间尺度为 6 年、13 年、18 年和 29 年的小波方差最显著,即存在 29 年、13 年、18 年和 6 年分别对应第一主周期、第二主周期、第三主周期和第四主周期。

根据小波方差图的检验结果,分别绘制两站年均流量序列变化不同尺度下的小波系数实部图,如图 4-10 和图 4-11 所示。

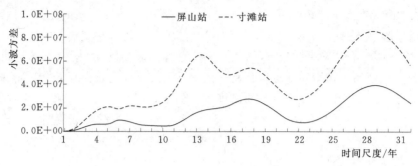

图 4-9　年均流量距平序列小波方差

　　图 4-10 为屏山站年均流量序列第三主周期（$a=6$）、第二主周期（$a=18$）和第一主周期（$a=29$）3 个不同时间尺度下的实部趋势图，从中可以反映不同时间尺度下的丰枯交替周期及变化特征。在 29 特征时间尺度上，屏山站年均流量以 29 年左右的周期震荡，周期变化特征较明显，其中存在 3 个流量偏丰期，主要有：1961—1969 年、1980—1988 年、1999—2008 年，4 个流量偏枯期，主要有：1956—1960 年、1970—1979 年、1989—1998 年、2009—2012 年，丰枯突变点在 1960 年、1969 年、1979 年、1988 年、1998 年和 2008 年，可以预测未来几年内屏山站流量将处于偏枯期，大约 3 年左右后流量将进入偏丰期。从 18 特征时间尺度上可以看出，共出现 6 个偏丰期，5 个偏枯期。对于更小的 6 时间尺度来说，丰枯交替更加频繁，共出现 27 次丰枯突变点，局部特性更加剧烈，差异较大。

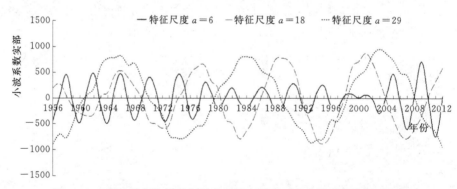

图 4-10　屏山站年均流量距平序列特定尺度下的小波系数实部过程线

　　图 4-11 为寸滩站年均流量序列第四主周期（$a=6$）、第二主周期（$a=13$）、第三主周期（$a=18$）和第一主周期（$a=29$）4 个不同时间尺度下的实部趋势图，从中可以反映不同时间尺度下的丰枯交替周期及变化特征。在 29 特征时间尺度上，寸滩站年均流量以 29 年左右的周期震荡，周期变化特征与屏山站相似，其中存在 3 个流量偏丰期，主要有：1961—1969 年、1980—1988 年、1999—2009 年，其丰水期平均周期为 9 年，4 个流量偏枯期，主要有：1956—1960 年、1970—1979 年、1989—1998 年、2010—2012 年，其枯水期平均周期为 9 年，丰枯突变点在 1960 年、1969 年、1979 年、1988 年、1998 年和 2009 年，可以预测未来几年内寸滩站流量将处于偏枯期，3 年左右后流量将进入偏丰期。从 18 特征时间尺度上可以看出，共出现 6 个偏丰期，5 个偏枯期。从 13 特征时间尺度上可以看出，共出现 7 个偏丰期，7 个偏枯期。且流量从 2011 年开始由偏丰转向偏枯。同样对

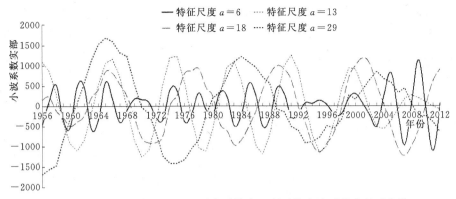

图 4-11 寸滩站年均流量距平序列特定尺度下的小波系数实部过程线

于更小的 6 时间尺度来说,丰枯交替更加凌乱频繁,震荡较为剧烈,共出现 27 次丰枯突变点,其平均周期在 3 年左右。

4.3.2 长江上游输沙率变化特征分析

4.3.2.1 数据处理

运用 Matlab 软件中的小波工具箱对原始序列进行不同尺度的多分辨率分解,从而得到消噪序列。采用 Db3 小波进行 4 层小波分解,利用 Stein 的无偏风险阈值方法确定每一层的阈值,并用软阈值处理进行每一个阈值的量化,最终分离出噪声,逐渐降低原始信号的复杂度,得到屏山站和寸滩站年均输沙率的消噪序列,如图 4-12 所示。

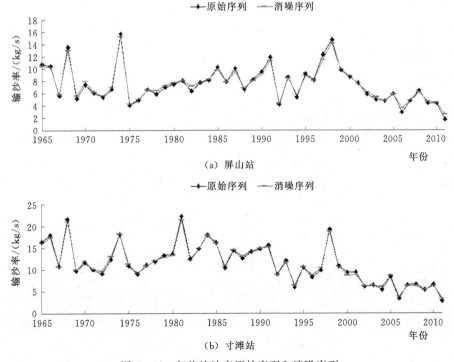

(a) 屏山站

(b) 寸滩站

图 4-12 年均输沙率原始序列和消噪序列

47

通过图 4-12 可以看出，消噪序列与原始序列相比更加平滑，去除了原始序列因偶然因素造成的异常点，在不影响主干信号的特性的基础上显示出信号正常变化特征。

4.3.2.2　趋势性分析

采用 Db3 小波分别对屏山站和寸滩站年均输沙率原始序列进行 4 层小波分解，令高频序列为零，将得到的第 4 层的低频部分和经过阈值量化处理后的第 1 层到第 4 层的高频部分运用 Mallat 算法对信号进行重构，得到一定尺度下的低频序列用于趋势性分析，如图 4-13 所示。

图 4-13　年均输沙率趋势成分

图 4-13 是年均输沙率序列在尺度水平 4 下的趋势成分，可以清晰地识别出长江上游输沙率演变规律。屏山站 1965—2000 年输沙率处于相对平稳阶段，2001—2011 年输沙率出现持续减小，输沙率相对最高转折点位于 2000 年，目前仍有下降的趋势。寸滩站 1965—1984 年输沙率呈现出缓慢升高的趋势，1985—2011 年输沙率出现快速持续减小，输沙率相对最高转折点位于 1984 年，目前仍有下降的趋势。

4.3.2.3　周期性和突变性分析

将屏山站和寸滩站的年均输沙率消噪序列进行距平处理，如图 4-14 所示。经过 Morlet 连续复小波变换，得到不同尺度下的小波变换系数，分别以 a、b 为纵、横坐标绘制小波变换系数的模平方图和实部图，如图 4-15 和图 4-16 所示。根据式（4-7）计算得出的小波方差，分别以时间尺度、小波方差为横、纵坐标，绘制的小波方差图如图 4-18 所示。

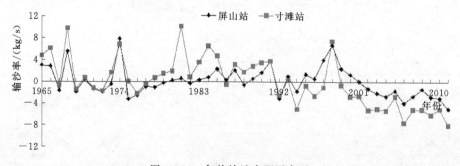

图 4-14　年均输沙率距平序列

图 4-15 (a) 为屏山站年均输沙率距平序列小波系数模平方的等值线图，体现了屏山站输沙率在不同时间尺度下的丰枯变化特征，其值越大表示输沙率在小波时间尺度变化域中的震荡波动能量越强。其中 18～22 年时间尺度上变化最强，19 年左右的时间尺度周期震荡最明显，其显著的变化周期主要发生在 1993—2010 年，波动中心在 2005 年左右。12～15 年的时间尺度上变化也较强，13 年左右的时间尺度周期震荡最明显，其显著的变化周期主要发生在 1995—2008 年，波动中心在 2009 年左右。此外，在 3～10 年时间尺度变化范围内能量震荡较弱。

图 4-15 (b) 为屏山站年均输沙率距平序列小波系数实部的等值线图，正负反映了输沙率的丰枯交替过程，大小表示周期变化显著度，零点对应着序列的突变点。其中 7～10 年、11～15 年、17～22 年、25～30 年 4 个时间尺度丰枯变化最为明显。在 7～10 年时间尺度（波动中心在 9 年）上整个研究时间域上的振荡频率较高，丰枯演变规律清晰，出现最多的丰枯交替过程。在 11～15 年（波动中心在 13 年）、17～22 年（波动中心在 19 年）和 25～30 年时间尺度（波动中心在 28 年）上，年均序列贯穿整个时间域，表现出清晰的丰枯周期，且均具有一致的波幅震荡。通过模平方图和实部图分析得出，屏山站年均输沙率序列存在 4 个不同尺度的主周期，即 9 年、13 年、19 年和 28 年。

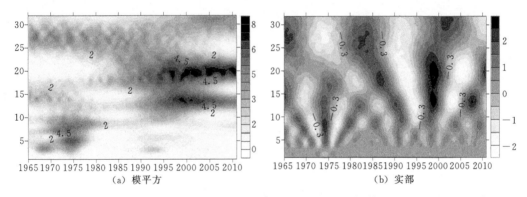

(a) 模平方 (b) 实部

图 4-15 屏山站年均输沙率距平序列小波系数模平方和实部时频分布

图 4-16 (a) 为寸滩站年均输沙率距平序列小波系数模平方的等值线图，其中 28 年的时间尺度震荡最强，模值最高，其显著的变化周期主要发生在 1970—1987 年，波动中心在 1979 年左右。其次在 12～14 年的时间尺度上变化也较强，其显著的变化周期主要发生在 2000—2010 年，波动中心在 2008 年左右。

图 4-16 (b) 为寸滩站年均输沙率距平序列小波系数实部的等值线图，3～6 年、11～15 年、24～31 年 3 个时间尺度丰枯变化最为明显，且都贯穿整个时间域，其中 3～6 年时间尺度（波动中心在 5 年）上整个时间域上的振荡频率最高，丰枯演变规律最清晰，11～15 年（波动中心在 13 年）和 24～31 年（波动中心在 28 年）时间尺度上，也表现出清晰的丰枯周期，且均具有一致的波幅震荡。通过模平方图和实部图分析得出，寸滩站年均输沙率序列存在 3 个不同尺度的主周期，即 5 年、13 年和 28 年。

图 4-17 中的屏山站年均输沙率距平序列小波方差曲线，显示 9 年、13 年、19 年和 28 年的峰值，其中 19 年方差值最大，即输沙率变化的第一主周期为 19 年。

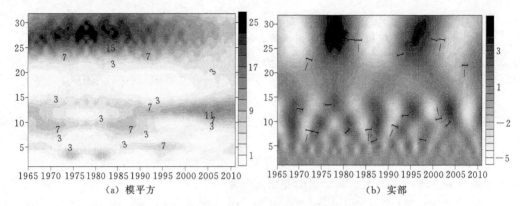

　　(a) 模平方　　　　　　　　　　　　　(b) 实部

图 4-16　寸滩站年均输沙率距平序列小波系数模平方和实部时频分布

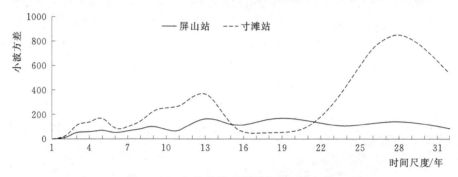

图 4-17　年均输沙率距平序列小波方差

　　寸滩站年均输沙率距平序列小波方差曲线，显示 5 年、13 年和 28 年的峰值，其中 28 年方差值最大，即输沙率变化的第一主周期为 28 年。

　　根据小波方差图的检验结果，分别绘制两站年均输沙率序列变化不同尺度下的小波系数实部图，如图 4-18 和图 4-19 所示。

　　图 4-18 为屏山站年均输沙率序列第四主周期（$a=9$）、第二主周期（$a=13$）、第一主周期（$a=19$）和第三主周期（$a=28$）4 个不同时间尺度下的实部趋势图，从中可以反映不同时间尺度下的丰枯交替周期及变化特征。在 28 特征时间尺度上，屏山站年均输沙率形成了 3 个高震荡中心和 3 个低震荡中心，其中 1965—1969 年、1979—1987 年和

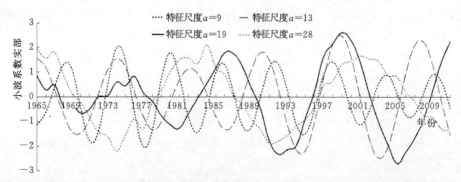

图 4-18　屏山站年均输沙率距平序列特定尺度下的小波系数实部过程线

1997—2006 年的位相为正，表示对应时期输沙率偏多，处于偏丰期；1970—1978 年、1988—1996 年和 2007—2011 年的位相为负，表示对应时期输沙率偏少，处于偏枯期，丰枯突变点在 1969 年、1978 年、1987 年、1996 年和 2006 年。从 19 特征时间尺度上可以看出，振幅变化不一致，共出现 5 个偏丰期，4 个偏枯期。从 13 特征时间尺度上可以看出，振幅一致且分别出现 5 个偏丰期和 5 个偏枯期。对于更小的 9 时间尺度来说，丰枯交替更加频繁，共出现 16 次丰枯突变点。

图 4-19 为寸滩站年均输沙率序列第三主周期（$a=5$）、第二主周期（$a=13$）、和第一主周期（$a=28$）3 个不同时间尺度下的实部趋势图，从中可以反映不同时间尺度下的丰枯交替周期及变化特征。在 28 特征时间尺度上，寸滩站年均输沙率周期变化存在 3 个输沙率偏丰期，主要有：1974—1982 年、1993—2001 年和 2011 年，3 个输沙率偏枯期，主要有：1965—1973 年、1983—1992 年和 2002—2010 年，丰枯突变点在 1973 年、1982 年、1992 年、2001 年和 2010 年，可以预测未来几年内寸滩站输沙率将处于偏丰期。从 13 特征时间尺度上可以看出，振幅变化一致，共出现 6 个偏丰期，6 个偏枯期。同样对于更小的 5 时间尺度来说，丰枯交替更加凌乱频繁，震荡较为剧烈，共出现 28 次丰枯突变点，其平均周期大约在 3 年左右。

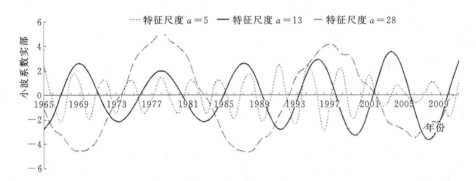

图 4-19　寸滩站年均输沙率距平序列特定尺度下的小波系数实部过程线

4.4　长江上游生态水文特征分析

本节运用 IHA 软件，采用 1956—2012 年长江上游宜宾至重庆干流段未梯级开发前的屏山站和寸滩站 57 年的日流量序列作为天然水流情势特征分析基础资料，序列资料长度大于 20 年，符合方法需求，采用非参数方法分别对 1956—2012 年统计计算其水文特征指标值，以及其统计参数，包括中值和离散系数。由于缺乏生物生态需求方面受影响的数据资料，本节以各个指标的第 75 百分位数与第 25 百分位数作为各个 RVA 阈值的上下限。屏山水文站和寸滩水文站的水文变动指标计算结果见表 4-2、表 4-3。

IHA/RVA 法中的 33 个水文变动指标反映了不同水文状况下的流量大小、发生时间、历时、频率和改变率等水文基本特征，且每一组的水文指标反映了不同水文特征变化对河流生态系统的生态意义，包括满足鱼类的生态需求。

表 4 - 2 屏山站水文指标计算结果表

水文指标分组	水文指标	单位	中值	离散系数	RVA 目标	
					下限	上限
月平均流量	1 月流量	m³/s	1670	0.2246	1485	1860
	2 月流量	m³/s	1415	0.1961	1295	1573
	3 月流量	m³/s	1320	0.1856	1225	1470
	4 月流量	m³/s	1465	0.1570	1380	1610
	5 月流量	m³/s	2150	0.2186	1950	2420
	6 月流量	m³/s	4280	0.4293	3240	5078
	7 月流量	m³/s	8730	0.4490	6780	10700
	8 月流量	m³/s	9050	0.4116	7725	11450
	9 月流量	m³/s	9650	0.4573	7038	11450
	10 月流量	m³/s	5940	0.2837	5235	6920
	11 月流量	m³/s	3335	0.2009	2910	3580
	12 月流量	m³/s	2120	0.2075	1910	2350
年极值水文状况大小及历时	最小 1 日流量	m³/s	1230	0.1382	1165	1335
	最小 3 日流量	m³/s	1237	0.1429	1175	1352
	最小 7 日流量	m³/s	1259	0.1504	1189	1378
	最小 30 日流量	m³/s	1304	0.1749	1210	1438
	最小 90 日流量	m³/s	1382	0.1618	1307	1530
	最大 1 日流量	m³/s	16600	0.3253	13850	19250
	最大 3 日流量	m³/s	16170	0.3082	13580	18570
	最大 7 日流量	m³/s	14890	0.2798	12850	17010
	最大 30 日流量	m³/s	11750	0.3127	10360	14040
	最大 90 日流量	m³/s	9504	0.2771	8655	11290
	断流天数	d	0	0.0000	0	0
	基流指数	—	0.2877	0.2239	0.2534	0.3178
年极值水文状况发生时间	最小流量日	d	82	0.0492	72	90
	最大流量日	d	229	0.1052	208.5	247
高、低流量脉冲的频率及历时	低脉冲数量	次	2	1.0000	1	3
	低脉冲历时	d	48	2.0100	4	100.5
	高脉冲数量	次	3	0.6667	2	4
	高脉冲历时	d	21	2.4400	7	58.25
水流条件变化率及频率	涨幅率	m³/(s·d)	120	0.3125	100	137.5
	降幅率	m³/(s·d)	−60	−0.6667	−90	−50
	涨落次数	次	75	0.5933	67.5	112

表 4-3 寸滩站水文指标计算结果表

水文指标分组	水文指标	单位	中值	离散系数	RVA目标	
					下限	上限
月平均流量	1月流量	m³/s	3430	0.1822	3115	3740
	2月流量	m³/s	3010	0.1885	2803	3370
	3月流量	m³/s	3150	0.2698	2750	3600
	4月流量	m³/s	4125	0.3109	3540	4823
	5月流量	m³/s	7140	0.3081	5910	8110
	6月流量	m³/s	12400	0.2923	10250	13880
	7月流量	m³/s	22900	0.3057	18400	25400
	8月流量	m³/s	21000	0.3048	18200	24600
	9月流量	m³/s	20450	0.4413	16000	25030
	10月流量	m³/s	13000	0.2769	11700	15300
	11月流量	m³/s	7180	0.2051	6498	7970
	12月流量	m³/s	4510	0.1375	4245	4865
年极值水文状况大小及历时	最小1日流量	m³/s	2710	0.1956	2510	3040
	最小3日流量	m³/s	2737	0.1864	2543	3053
	最小7日流量	m³/s	2781	0.1926	2578	3114
	最小30日流量	m³/s	2892	0.1927	2712	3269
	最小90日流量	m³/s	3225	0.1856	2972	3570
	最大1日流量	m³/s	46800	0.3632	37950	54950
	最大3日流量	m³/s	43900	0.3474	35320	50570
	最大7日流量	m³/s	36830	0.3181	30600	42310
	最大30日流量	m³/s	28000	0.2778	24570	32350
	最大90日流量	m³/s	23290	0.2196	20290	25400
	断流天数	d	0	0.0000	0	0
	基流指数	—	0.2583	0.2143	0.2346	0.2899
年极值水文状况发生时间	最小流量日	d	53	0.0874	43	75
	最大流量日	d	212	0.1325	194	242.5
高、低流量脉冲的频率及历时	低脉冲数量	次	3	1.0000	2	5
	低脉冲历时	d	8	1.5000	4	16
	高脉冲数量	次	6	0.5000	4	7
	高脉冲历时	d	7	2.8930	4	24.25
水流条件变化率及频率	涨幅率	m³/(s·d)	310	0.7500	260	492.5
	降幅率	m³/(s·d)	−240	−0.3854	−292.5	−200
	涨落次数	次	106	0.2547	92.5	119.5

4.5　长江上游水文情势变化对鱼类的影响

4.5.1　长江上游代表性鱼类的生态需求

长江上游生存有大量产漂流性卵的鱼类，如长薄鳅、铜鱼等，其产卵条件需要产卵场水流高流量、高流速，从而形成水流涡旋翻滚，鱼卵顺流而下而不产生下沉，否则鱼卵沉至河底，无法孵化出幼鱼。长江上游主要鱼类的生态需求见表4-4，表中的代表性鱼类是根据其珍稀、濒危及保护价值拟定的保护对象。

表4-4　　　　　　　长江上游代表性鱼类生长、繁殖和产卵的生态需求

鱼类名称	繁殖期				生长期		产卵
	季节/月	水深/m	流速/(m/s)	底质	流速/(m/s)	水深/m	
白鲟	3—4	约10	0.72~0.92	砾石	—	—	急流中产粘性卵
达氏鲟	3—4，11—12	5~13	1.2~1.5	砾石	约1	8~10	急流中产粘性卵
胭脂鱼	3—4	—	水流湍急	砾石或礁板石	—	中下层	急流中产漂流性卵
岩原鲤	2—4，8—9	—	约1	砾石	—	—	流水中产粘性卵
圆口铜鱼	4—7	—	2~3	砾石	急流	底层	急流中产漂流性卵
长薄鳅	4—6	—	>2	砾石	缓流	底层	流水中产漂流性卵
四大家鱼	4—6	—	1.2~2.0				鱼卵孵化安全漂流流速0.25m/s
厚颌鲂	4—7	—	1.5~2.0	砾石	—	—	静水或缓流中产粘性卵

注　表中"—"表示缺乏相关数据。

4.5.2　河流水流情势变化的影响分析

水文情势的变化可能会引起生物栖息环境的改变，从而改变生物群落的结构，影响生物多样性。1996年以后屏山站和寸滩站的流量处于持续下降的趋势，分别下降了14.19%、2.86%，由于金沙江下游梯级水库和三峡、葛洲坝梯级水库相继蓄水后，较天然情况而言，水库表面蒸发量由于水面面积增大而增加，高坝造成的地下渗漏损失严重，工农业用水供给增加，均导致年均流量减少。

不同生物不同时期对水文要素的需求程度不同，当某一水文要素发生变化时，对于天然状态下流量变化不大的河流，鱼类及其他生物的适应性和抵抗力较弱，其生态系统更加敏感，受到的影响会更加显著。河流天然的水文周期变动幅度由于水库调度运行的削峰填谷作用而削减，而鱼类对于河流流量的依赖度和敏感性极高，这种强适应性尤其表现在是其产卵繁殖阶段。

流速、流量、水位、水温等要素的天然变化信息是刺激鱼类自身识别产卵的信号，若河流流态发生改变可能会影响到鱼类的产卵。完整的河流生态系统一般具有枯水期、平水期和丰水期，平水期一般又分为涨水期和退水期。枯水期通常水流较少，仅能维持鱼类的基本生存条件，一般为鱼类的蛰伏期或越冬期；春夏间河流的涨水时段一般是是鱼类的繁

殖期，如"四大家鱼"草鱼、青鱼、鲢鱼、鳙鱼的产卵繁殖期为4—7月，产卵高峰期为5—6月；丰水期流量较大，维持河流、湿地、湖泊等水体的连通性，并对河岸生态进行补水，促进物质和能量交流与运移，具有输沙、造床等功能，一般是鱼类的生长期或肥育期。从图4-20中可以看出，月平均流量变化程度较大，年内分布不均匀，丰平枯变化特征明显，基本满足长江上游鱼类的生长生活规律。

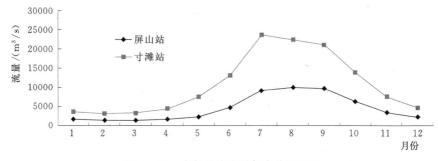

图4-20 多年月均流量年内分配过程

此外，最大、最小流量的波动通过影响河道地貌、生物迁徙、生物栖息地的结构及生命周期等对河流生态系统的稳定性也会造成一定的影响。最大、最小流量的发生通常会伴随鱼类的洄游产卵等关系到繁衍和遗传的重要生命阶段，变化趋于平缓或者剧烈都可能造成鱼类种类、数量、遗传多样性的降低，影响到鱼类的进化。最大流量的增加，可能加重河道的横向侵蚀，最大流量的减少，可能会导致营养物质供给不充分，鱼类及其饵料对养分的汲取不充足，进而影响鱼类的生长及其群落结构。最小流量的发生频率和时长关系着河流的水质、营养物质的溶解能力、泥沙的运输能力，频率越高，历时越长，很可能产生泥沙砾石淤积，对洪泛区鱼类产卵不利，浅水栖息地交替暴露或者被淹没，甚至会引起外来物种的入侵，导致河流生态平衡破坏。

4.5.3 河流泥沙变化的影响分析

长江是输沙量大、含沙量不高的河流，屏山站（1954—2002年）年平均输沙量为2.55亿t，年平均含沙量为1.75kg/m³，寸滩站（1953—2002年）年平均输沙量为4.31亿t，年平均含沙量为1.24kg/m³，长江上游是长江泥沙的主要来源区。输沙率体现了河流泥沙的运输能力，从一定程度上可以识别河流的淤积程度，输沙率越大，河流运输泥沙的能力就越大，越不容易造成淤积。其中屏山站年均输沙率2000年以后处于持续下降的趋势，下降了30.88%，寸滩站年均输沙率1984—2011年快速下降，2011年较之前相比下降了57.65%，森林砍伐、水土保持、工程建设都会对输沙率产生一定的影响。截止到1989年，长江上游已建水库约11931座，水库年拦沙量为1.6亿t，占长江上游年输沙量的29%，1990—2000年新建水库59座，总年拦沙量为2.6亿t，水库拦沙成为长江上游输沙减少的一个主要原因。

河流泥沙是河流生态系统和河流演变的重要组成部分，与鱼类的产卵产卵、索饵、育肥等生长阶段以及鱼类的栖息环境存在密不可分的关系。鱼类的饵料生物主要是着生藻类、栖于河床卵、砾石上的底栖无脊椎动物，河流底质是鱼类及其饵料生存的基本条件，最有利的底质是卵石、黏土淤泥次之，最不利的栖息底质是沙和粉沙。随着河流输沙能力的下降，泥沙沉降会改变河床底质条件，粉沙覆盖在卵石上，饵料生物的种类组成和分布范围可能会发生变化，影响鱼类栖息地质量。其次，水体含沙量太高会使一些产粘性卵、靠粘在水草或石块等物体上完成孵化的鱼类的卵脱粘，从而沉入江底导致死亡，水体含沙量过低，水体透明度增大使得光合作用增强、生物过程加快，天然河道可能会由贫营养类型向轻度富营养型方向发展。

第5章　长江中下游水文情势变化及生态影响

自葛洲坝、三峡水利枢纽工程蓄水投入运行以来，越来越多的生态问题显现出来，如水华现象的发生、水库淤积、河流流域的支离破碎，周围生态环境的改变影响了沿河动植物的生活环境，所控河流的天然状态也发生了较大变化，上游库岸浸蚀，下游江段形态改变，水质下降，阻隔洄游通道，同时还打破了河流生态环境的初始性和稳定性。论其缘由还是因为筑坝引起长江中下游江段的水体水文条件的明显变化。由于葛洲坝是一座低水头大流量、反调节径流式水电站，基本不发挥调蓄作用，其上游三峡水库的强大调蓄能力才是导致下游水文情势改变的关键原因。因此，本节系统分析长江中下游各年份的水文历史数据资料，再详细分析三峡水库对下游河流水文情势的具体变化。

5.1　研究站点分析

长江干流分布有多个水文监测站，如寸滩、宜昌、汉口、九江、大通等。其中，宜昌站坐落于长江上游与中游的接壤处，控制了长江上游共 100.6 万 km² 的流域面积，约占长江总流域面积的 55.9%，而葛洲坝正位于其上游 6.4km 处，三峡大坝位于其上游约 44km 处，是距三峡水库和葛洲坝最近的控制站点。

宜昌站的地理位置决定了其监测数据资料能够充分的反映三峡水库下游河流水文情势的变化状况，因此选取宜昌水文监测站作为本次的重要研究站点，进行后续详细分析。

5.2　三峡水库下游河流水文情势趋势性分析

趋势性分析，顾名思义就是通过对数据序列的系统分析，判断出该序列随时间变化时能否表现出增加或者减少的变化趋势。目前趋势性分析的方法有很多，常用的有 Mann-Kendall 非参数秩次相关检验法、Spearman 秩次相关检验法、滑动平均法、线性倾向估计法等。

5.2.1　分析方法简介

本节主要采用线性倾向估计法、Mann-Kendall 非参数秩次相关检验法对三峡水库下游宜昌站的年流量序列的趋势性演变进行对比性分析。

（1）线性倾向估计法。用 x_i 表示样本总数为 n 的某一实测变量，用 t_i 表示 x_i 所对应的时间，建立 x_i 和 t_i 之间的一元线性回归方程：

$$\hat{x}_i = a + bt_i, \quad i = 1, 2, \cdots, n \tag{5-1}$$

式中：a 为回归常数；b 为回归系数。

b 值的正负代表样本 x 的趋势倾向，$b > 0$ 时，说明 x 随时间 t 的增加呈上升趋势，反之亦然；b 值的大小反映出样本的变化速率，即表示了趋势的倾向程度。

a、b 的值可以通过最小二乘进行估计，计算公式为

$$\left. \begin{array}{l} b = \dfrac{\displaystyle\sum_{i=1}^{n} x_i t_i - \dfrac{1}{n} \left(\displaystyle\sum_{i=1}^{n} x_i\right) \left(\displaystyle\sum_{i=1}^{n} t_i\right)}{\displaystyle\sum_{i=1}^{n} t_i^2 - \dfrac{1}{n} \left(\displaystyle\sum_{i=1}^{n} t_i\right)^2} \\[1em] a = \bar{x} - b\bar{t} \end{array} \right\} \tag{5-2}$$

其中

$$\bar{x} = \frac{1}{n} \sum_{i=1}^{n} x_i, \quad \bar{t} = \frac{1}{n} \sum_{i=1}^{n} t_i \tag{5-3}$$

式中：$\bar{x}$ 和 $\bar{t}$ 分别为流量和年份的均值。

利用回归系数 b 与相关系数 r 之间的关系，求出 x_i 与 t_i 之间的相关系数：

$$r = \sqrt{\frac{\displaystyle\sum_{i=1}^{n} t_i^2 - \dfrac{1}{n} \left(\displaystyle\sum_{i=1}^{n} t_i\right)^2}{\displaystyle\sum_{i=1}^{n} x_i^2 - \dfrac{1}{n} \left(\displaystyle\sum_{i=1}^{n} x_i\right)^2}} \tag{5-4}$$

r 反映了 x 与 t 之间的相关程度，$|r|$ 越大，表示关系越密切。要想判断趋势程度是否显著，还需要进行统计检验，下面介绍 Mann-Kendall 非参数秩次相关检验法。

（2）Mann-Kendall 非参数秩次相关检验法。Mann-Kendall 非参数秩次相关检验法（简称 M-K 法）已被世界气象组织（WMO）推荐，也是目前用于分析水文气象情势趋势变化最广泛的非参数检验方法。分析方法具体表述如下。

在检验过程中，所研究的实测资料可作为时间序列：$X = x_1, x_2, \cdots, x_n$，其中 x_i 为 n 个独立的、随机变量同分布的样本，检验统计量 S 计算如下式：

$$S = \sum_{i=1}^{n-1} \sum_{j=i+1}^{n} \operatorname{sgn}(x_j - x_i), \quad 1 \leqslant i < j \leqslant n \tag{5-5}$$

其中

$$\operatorname{sgn}(\theta) = \begin{cases} 1, & \theta > 0 \\ 0, & \theta = 0 \\ -1, & \theta < 0 \end{cases} \tag{5-6}$$

式（5-5）中 S 为正态分布，其均值为 0，S 的方差 $Var(S) = n(n-1)(2n+5)/18$。

在 M-K 法检验中，标准正态统计变量 Z 的计算公式如下：

$$Z = \begin{cases} \dfrac{(S-1)}{[Var(S)]^{1/2}}, & S > 0 \\ 0, & S = 0 \\ \dfrac{(S+1)}{[Var(S)]^{1/2}}, & S < 0 \end{cases} \tag{5-7}$$

对于时间序列 $X = x_1, x_2, \cdots, x_n$，当 $n > 10$ 时，采用式（5-7）进行趋势性检验，$Z > 0$ 表示存在上升趋势，$Z < 0$ 表示存在下降趋势，而当 $|Z| \geqslant 1.28$、$|Z| \geqslant 1.96$、$|Z| \geqslant 2.32$ 时，分别表示通过了置信度为 90%、95% 和 99% 的显著性检验。

在时间序列无趋势（原假设）的 M-K 法检验中，对于给定的显著水平 α，如果 $|Z| < Z_{\alpha/2}$，则接受原假设，即无趋势；如果 $|Z| > Z_{\alpha/2}$，则原假设不成立，即在置信水平 α 上，认为序列趋势明显。

5.2.2 宜昌站流量变化趋势性分析

（1）研究数据。依据宜昌站 1956—2011 年共 56 年的日流量监测数据，统计整理出月均流量序列和年均流量序列，采用线性倾向估计法和 M-K 法进行宜昌站流量的趋势性分析。

（2）分析结果。由宜昌站 1956—2011 年月均流量趋势分析图可以看出，宜昌站年均流量序列呈下降趋势，下降倾向率为 18.8490m³/(s·a)，并通过 M-K 法计算得知，年均流量序列的检验统计值 Z 为 -1.293，为下降趋势，检验结果与线性估计计算结果一致，但其绝对值 $|Z| = 1.293 < 1.96$ 并未达到 95% 的置信度水平，说明年均流量序列的下降趋势不显著。

同理可知，宜昌站 1 月、2 月、3 月、4 月的流量序列整体呈上升趋势，上升倾向率分别为 16.5790m³/(s·a)、22.5700m³/(s·a)、22.9560m³/(s·a)、16.6600m³/(s·a)，M-K 法检验统计值 Z 分别为 3.371、4.318、3.258、1.505，其中除了 4 月，其余月份的检验统计值均超过了 95% 的置信度水平（$|Z| > 1.96$），说明 1 月、2 月、3 月的月均流量序列上升趋势显著，4 月的月均流量序列上升趋势不显著。分析宜昌站的 5—12 月流量序列可发现，该 8 个月的月均流量序列整体呈下降趋势，下降倾向率分别为 16.5840m³/(s·a)、4.6150m³/(s·a)、20.0130m³/(s·a)、50.6300m³/(s·a)、80.9010m³/(s·a)、110.2700m³/(s·a)、18.4710m³/(s·a)、3.4702m³/(s·a)、18.8490m³/(s·a)，M-K 法检验统计值 Z 分别为 -0.933、-0.212、-0.587、-1.308、-1.279、-3.145、-1.414、-0.608、-1.293，其中只有 10 月的检验统计值均超过了 95% 的置信度水平（$|Z| > 1.96$），说明 10 月的月均流量序列下降趋势显著，其余月份的月均流量序列下降趋势均不显著。宜昌站多年平均流量为 13459m³/s，其中 7 月流量最大为 29231m³/s，2 月流量最小为 3998m³/s，汛期流量变幅大于枯水期流量变幅。详细计算结果可参见表 5-1、图 5-1。

表 5-1　　　　　　　宜昌站 1956—2011 年月均流量趋势分析表

月份	线性分析结果			趋势性	检验统计值		Kendall 检验成果	
	r	a	b		Z	临界值	是否通过 95% 置信度	趋势显著性
1	0.476	3914.2	16.5790	上升	3.371	1.96	√	显著
2	0.589	3355.1	22.5700	上升	4.318	1.96	√	显著
3	0.413	3863.2	22.9560	上升	3.258	1.96	√	显著
4	0.164	6229.1	16.6600	上升	1.505	1.96	×	不显著
5	-0.107	11968.0	-16.5840	下降	-0.933	1.96	×	不显著
6	-0.022	17998.0	-4.6150	下降	-0.212	1.96	×	不显著
7	-0.054	29801.0	-20.0130	下降	-0.587	1.96	×	不显著
8	-0.117	27763.0	-50.6300	下降	-1.308	1.96	×	不显著
9	-0.198	26740.0	-80.9010	下降	-1.279	1.96	×	不显著
10	-0.448	20129.0	-110.2700	下降	-3.145	1.96	√	显著
11	-0.170	10279.0	-18.4710	下降	-1.414	1.96	×	不显著

月份	线性分析结果			趋势性	检验统计值		Kendall 检验成果	
	r	a	b		Z	临界值	是否通过 95% 置信度	趋势显著性
12	−0.083	5908.7	−3.4702	下降	−0.608	1.96	×	不显著
年均	−0.214	13996.0	−18.8490	下降	−1.293	1.96	×	不显著

注　取置信度 $\alpha = 0.05$。

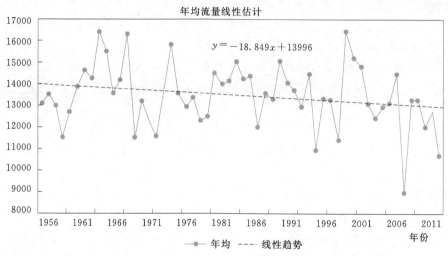

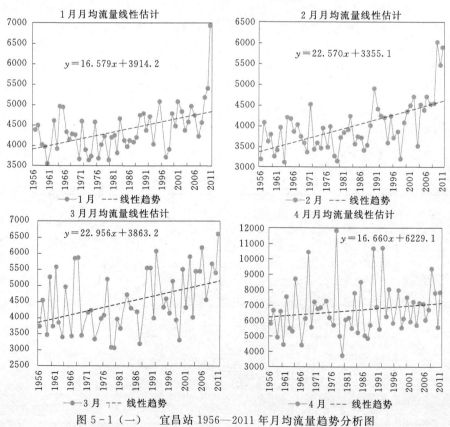

图 5-1（一）　宜昌站 1956—2011 年月均流量趋势分析图

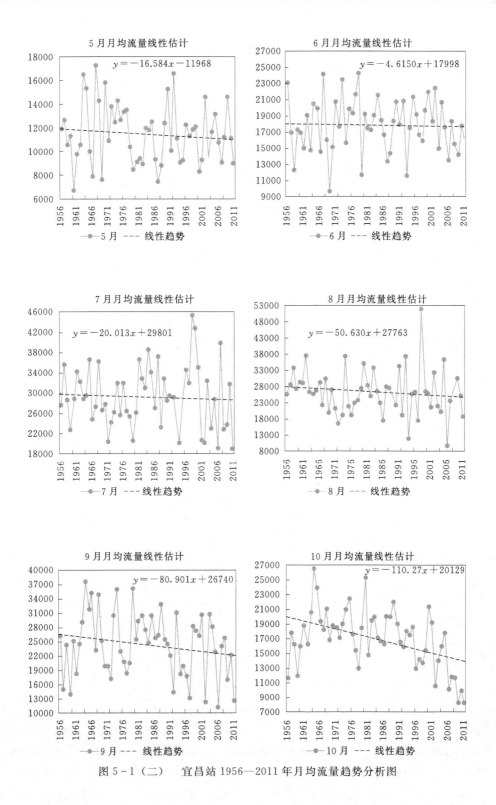

图 5-1（二）　宜昌站 1956—2011 年月均流量趋势分析图

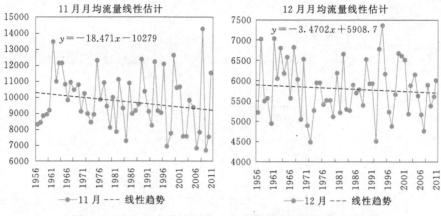

图 5-1（三）　宜昌站 1956—2011 年月均流量趋势分析图

经过以上分析可以大体反映出三峡水库下游江段的枯水期（1—4 月）内，流量呈整体上升趋势，1 月、2 月、3 月尤为显著，其余月份均为下降趋势，且 10 月的下降趋势尤为显著，体现了三峡水库对汛期来水的截滞作用。三峡水库的建设运行后，对上游流量的留滞作用显著，汛期将洪水截滞于水库内，减轻下游大坝的防洪负担；枯水期加大了下泄水量，避免了河道干涸，解决了旱灾问题。当然流量的变化也可能与气候、降水量和生产生活引水的改变相关联。

5.2.3　宜昌站水温变化趋势性分析

（1）研究数据。依据宜昌站 1956—2011 年共 56 年的日水温监测数据，统计整理出月均水温序列和年均水温序列，采用线性倾向估计法和 M-K 法进行宜昌站水温的趋势性分析。

（2）分析结果。由宜昌站 1956—2011 年月均水温趋势分析图可以看出，宜昌站年均水温序列呈整体上升趋势，上升倾向率为 0.0203℃/a，并通过 M-K 法计算得知，年均水温序列的检验统计值 Z 为 5.407＞0，为上升趋势，检验结果与线性估计计算结果一致，同时其绝对值 $|Z|＝5.407＞1.96$，超过了 95% 的置信度水平，说明年均水温序列的上升趋势显著。

同理，对比分析宜昌站 1 月、2 月、8 月、9 月、10 月、11 月、12 月的水温序列整体呈上升趋势，上升倾向率分别为 0.0725℃/a、0.0376℃/a、0.0087℃/a、0.0225℃/a、0.0436℃/a、0.0605℃/a、0.0872℃/a，Mann-Kendall 的检验统计值 Z 分别为 6.990、4.438、0.530、2.248、4.636、6.453、6.827，其中只有 8 月的检验统计值未达到 $\alpha＝0.05$ 的置信度水平（$|Z|＜1.96$），说明 1 月、2 月、9 月、10 月、11 月、12 月的月均水温序列上升趋势显著，8 月的月均水温序列上升趋势不显著。同时对比分析宜昌站的 3 月、4 月、5 月、6 月、7 月水温序列可发现，该 5 个月份的月均水温序列整体呈下降趋势，下降倾向率分别为 0.0185℃/a、0.0431℃/a、0.0166℃/a、0.0058℃/a、0.0023℃/a，Mann-Kendall 的检验统计值 Z 分别为 −1.993、−3.668、−0.721、−0.806、−0.417，其中 3 月、4 月的检验统计值超过了 95% 的置信度水平（$|Z|＞1.96$），5 月、6 月、7 月均未达到，说明 3 月、4 月的月均水温序列下降趋势显著，5 月、6 月、7 月的月均水温序列下降趋势不显著。其中宜昌站多年平均水温为 18.2℃，其中 8 月水温最高，多年平均最高水温为 25.7℃，1 月、2 月水温最低，多年平均最低水温为 10.1℃，水温变幅在各月变化不

大。详细计算结果可参见表5-2、图5-2。

表5-2 宜昌站1956—2011年月均水温趋势分析表

月份	线性分析结果			趋势性	检验统计值		Kendall检验成果	
	r	a	b		Z	临界值	是否通过95%置信度	趋势显著性
1	0.801	8.0209	0.0725	上升	6.990	1.96	√	显著
2	0.572	9.0737	0.0376	上升	4.438	1.96	√	显著
3	−0.249	13.3990	−0.0185	下降	−1.993	1.96	√	显著
4	−0.538	18.2400	−0.0431	下降	−3.668	1.96	√	显著
5	−0.265	21.4790	−0.0166	下降	−0.721	1.96	×	不显著
6	−0.156	23.5450	−0.0058	下降	−0.806	1.96	×	不显著
7	−0.037	24.9620	−0.0023	下降	−0.417	1.96	×	不显著
8	0.144	25.4190	0.0087	上升	0.530	1.96	×	不显著
9	0.354	22.6740	0.0225	上升	2.248	1.96	√	显著
10	0.655	18.8800	0.0436	上升	4.636	1.96	√	显著
11	0.779	15.0010	0.0605	上升	6.453	1.96	√	显著
12	0.785	10.2050	0.0872	上升	6.827	1.96	√	显著
年均	0.699	17.5890	0.0203	上升	5.407	1.96	√	显著

注 取置信度 $\alpha = 0.05$。

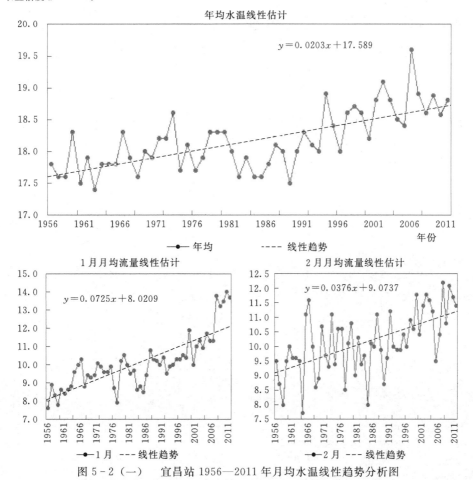

图5-2（一） 宜昌站1956—2011年月均水温线性趋势分析图

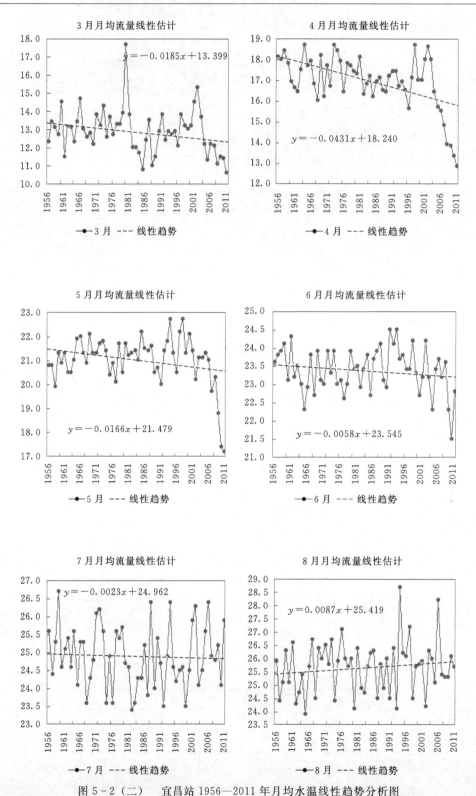

图 5-2（二）　宜昌站 1956—2011 年月均水温线性趋势分析图

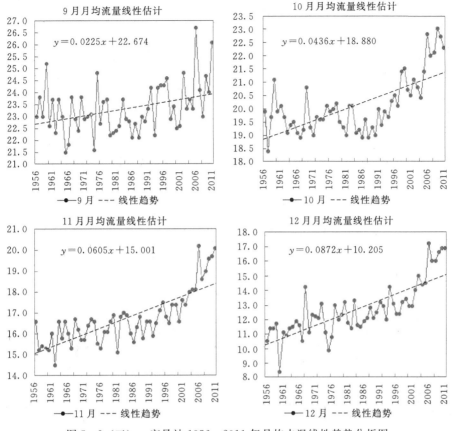

图 5-2（三）　宜昌站 1956—2011 年月均水温线性趋势分析图

综合以上分析可以看出三峡水库下游江段秋、冬、早春季节内的水温表现为显著性上升趋势，这是由于一方面 6—8 月正处在长江中下游江段的洪水期，三峡水利枢纽建设后，对上游的大量洪水进行拦截，留滞于库内，水库的滞温作用引起 9 月下泄的水量水温高于天然来水水温；另一方面，冬季和早春季节本就处于枯水期，而水库积蓄的来水便会在枯水期到来之际进行下泄，使得大坝下游江段内的流量增加，水位抬高，在太阳辐射和水体滞温的共同作用下，江段水底温度较枯水期天然状态有所升高。而 3 月、4 月的水温明显下降趋势则是由于三峡水库下泄的是库底水量，库区的滞温作用使得下泄水量温度低于天然水温，从而引起大坝下游江段的水温下降。

5.2.4　宜昌站泥沙变化趋势性分析

（1）研究数据。依据宜昌站 1956—2011 年共 56 年的日含沙量监测数据，统计整理出月均含沙量序列和年均含沙量序列，采用线性倾向估计法和 M-K 法进行宜昌站含沙量的趋势性分析。

（2）分析结果。由宜昌站 1956—2011 年月均含沙量趋势分析图可以看出，宜昌站年均含沙量序列呈下降趋势，下降倾向率为 $0.0134 \text{kg}/(\text{m}^3 \cdot \text{a})$，并通过 Mann-Kendall 检验计算得知，年均含沙量序列的检验统计值 Z 为 $-7.273 < 0$，为下降趋势，检验结果与线性估计计算结果一致，其绝对值 $|Z| = 7.273 > 2.32$ 超过了 99% 的置信度水平，说明年

均含沙量序列的下降趋势极为显著。

对比分析宜昌站各月的含沙量序列得知，12个月均呈下降趋势，下降倾向率分别为 $0.0015kg/(m^3 \cdot a)$、$0.0009kg/(m^3 \cdot a)$、$0.0026kg/(m^3 \cdot a)$、$0.0087kg/(m^3 \cdot a)$、$0.0192kg/(m^3 \cdot a)$、$0.0205kg/(m^3 \cdot a)$、$0.0311kg/(m^3 \cdot a)$、$0.0288kg/(m^3 \cdot a)$、$0.0207kg/(m^3 \cdot a)$、$0.0136kg/(m^3 \cdot a)$、$0.0088kg/(m^3 \cdot a)$、$0.0043kg/(m^3 \cdot a)$，Mann-Kendall 的检验统计值 Z 分别为 -7.916、-7.788、-7.400、-6.340、-7.138、-4.474、-4.926、-4.940、-4.474、-5.449、-6.460、-7.824，各月的检验统计值均超过了 99% 的置信度水平（$|Z| > 2.32$），说明宜昌站 1956—2011 年各月的月均含沙量序列均为显著性上升趋势。宜昌站多年平均含沙量为 $0.576kg/m^3$，其中 7 月含沙量最大为 $1.631kg/m^3$，2 月含沙量最小为 $0.025kg/m^3$，含沙量大小与流量大小存在正相关关系，汛期含沙量变幅大于枯水期含沙量变幅。详细计算结果可参见表 5-3、图 5-3。

表 5-3　　　　　　　　　宜昌站 1956—2011 年月均含沙量趋势分析表

月份	线性分析结果			趋势性	检验统计值		Kendall 检验成果	
	r	a	b		Z	临界值	是否通过 99% 置信度	趋势显著性
1	-0.804	0.0817	-0.0015	下降	-7.916	2.32	√	显著
2	-0.753	0.0508	-0.0009	下降	-7.788	2.32	√	显著
3	-0.552	0.1230	-0.0026	下降	-7.400	2.32	√	显著
4	-0.700	0.4537	-0.0087	下降	-6.340	2.32	√	显著
5	-0.698	1.0723	-0.0192	下降	-7.138	2.32	√	显著
6	-0.628	1.5263	-0.0205	下降	-4.474	2.32	√	显著
7	-0.676	2.5163	-0.0311	下降	-4.926	2.32	√	显著
8	-0.692	2.2393	-0.0288	下降	-4.940	2.32	√	显著
9	-0.637	1.6912	-0.0207	下降	-4.474	2.32	√	显著
10	-0.730	0.9869	-0.0136	下降	-5.449	2.32	√	显著
11	-0.743	0.5381	-0.0088	下降	-6.460	2.32	√	显著
12	-0.821	0.2133	-0.0043	下降	-7.824	2.32	√	显著
年均	-0.832	0.9577	-0.0134	下降	-7.273	2.32	√	显著

注　取置信度 $\alpha = 0.01$。

图 5-3（一）　宜昌站 1956—2011 年月均含沙量线性趋势分析图

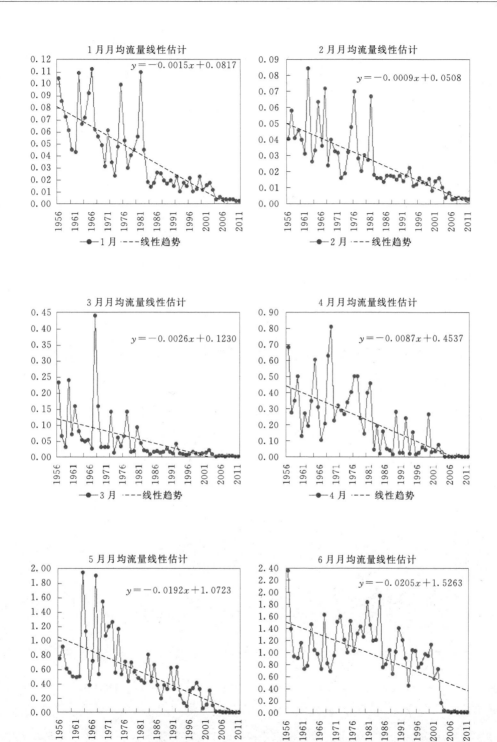

图 5-3（二）　宜昌站 1956—2011 年月均含沙量线性趋势分析图

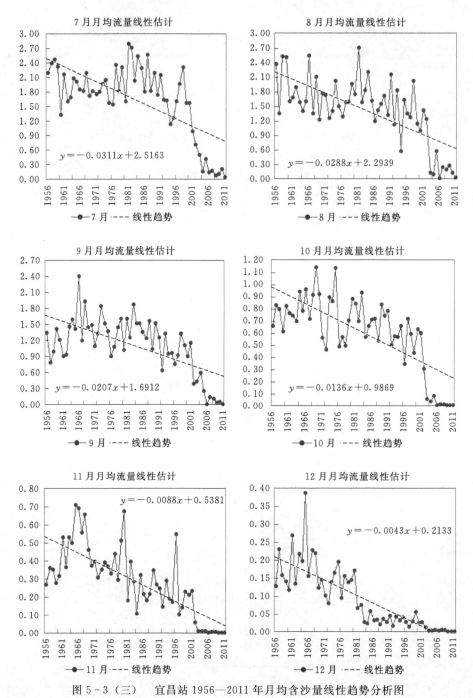

图 5 - 3（三）　宜昌站 1956—2011 年月均含沙量线性趋势分析图

综合以上分析，全年含沙量的显著下降趋势可以充分说明了三峡水库显著的拦沙作用。水库将上游来水携带的泥沙拦截在库区堆沉淀积，引起下泄水量中的泥沙含量大幅度减少，而下泄的"清水"容易对下游河床造成冲刷，河道形态发生变化，下游河流水生生物的生活环境也将受到严重威胁。

5.3 水利工程对河流水文情势影响分析

5.3.1 流量改变

流量是水生环境的一个重要评价因子。流量来水时间和大小的频繁变化，将会引起下游河道冲刷加剧、破坏水生生物的生活环境，甚至威胁生物的生存。

长江流域的汛期一般在5—10月，洪水期在6—8月，枯水期在12月至次年4月。自从长江流域的第一座大坝——葛洲坝的投入运行，坝下江段的自然水流情势则受到了影响，随着三峡工程的修建完成，其强大的调蓄水流能力造成下游江段的水流情势遭到严重破坏。因此，本节将采用宜昌站1956—2011年月均流量监测资料，按照葛洲坝和三峡工程的运行时间为分界点，对下游流量进行系统性分析，时间段可分为：天然流量状态（1956—1980年）、葛洲坝运行后三峡工程运行前（1981—2002年）、年三峡工程运行后（2003—2011年）。

由宜昌站建坝前后月均流量图5-4可以看出，相较天然流势的流量情况，葛洲坝运行后三峡工程运行前期间内的6月、7月流量增大，该段曲线表现出尖角的形态，正是由于1998年的特大洪水所致，8—11月流量减小，正体现了葛洲坝对汛期流量的拦截作用；三峡工程运行后期间内5—12月的流量减小且该段曲线表现较为平缓，1—5月的流量有增大现象，说明了三峡工程拦截了大量的汛期洪水，并在枯水期填补了坝下江段水量。

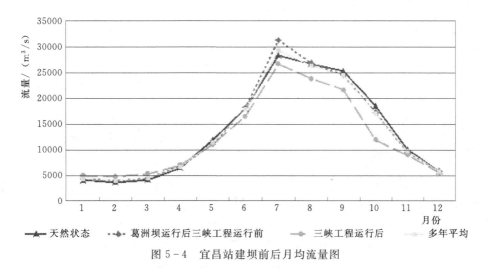

图5-4 宜昌站建坝前后月均流量图

各时期内月均流量具体数值可参见表5-4。1981—2002年葛洲坝运行后三峡工程运行前，月均流量最高值为31297m³/s，出现在7月，月均流量最低值为4009m³/s，出现在2月；2003—2011年三峡工程运行后，月均流量最高值为26178m³/s，出现在7月，月均流量最低值为4838m³/s，出现在2月；多年平均流量最高值为29251m³/s，出现在7月，流量最低值为3993m³/s，出现在2月。

表 5－4　　　　　　　　　　　　宜昌站建坝前后月均流量统计表　　　　　　　　　　单位：m³/s

年份	月份											
	1	2	3	4	5	6	7	8	9	10	11	12
1956—1980	4151	3687	4166	6486	11937	18001	28318	26703	25315	18518	10076	5821
1981—2002	4404	4009	4557	6808	11131	18256	31297	26902	24570	17286	9679	5877
2003—2011	4998	4838	5397	7057	11155	16543	26718	23833	21658	11998	9034	5615
多年平均	4383	3993	4512	6702	11496	17876	29251	26337	24452	17018	9757	5811

　　宜昌站建坝后距天然状态月均流量对比情况可参见图 5－5，图中的数值表示不同时期内月均流量与天然月均流量的差。从图中，可以清晰地看出，各个时期的月均流量与天然状态的相比有较大的差异。葛洲坝运行后三峡工程运行前期间内 1 月、2 月、3 月、4 月、6 月、7 月、8 月高于天然状态月均流量，其中 7 月的年均流量距天然状态高出约 3000m³/s，主要是由于 1998 年特大洪水所致，12 月年均流量与天然状态基本持平；三峡工程运行后期间内，可以看到有明显的流量差值，1—4 月较天然状态上升，5—12 月较天然状态有所下降，且下降幅度较大，最大的出现在 10 月，下降约 6500m³/s。综合分析三峡工程和葛洲坝运行期间对天然流量的改变可发现，除了发生在 1998 年 6—7 月的特大洪水对流量的影响，两个期间内对流量的改变方向是一致的，同为上升或同为下降，但三峡工程运行期间内上升和下降的幅度均大于葛洲坝运行期间对流量的改变程度，说明了三峡工程运行后对所控流域流量情势的影响程度高于葛洲坝，同时也体现出三峡工程的调蓄能力对河流天然流量的巨大改变。

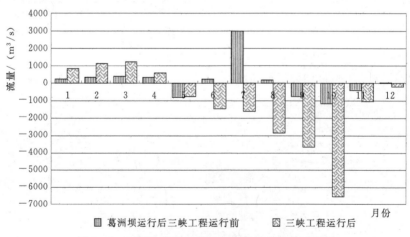

图 5－5　宜昌站建坝后距天然状态月均流量对比图

5.3.2　水温改变

　　选取宜昌站 1956—2011 年的月均水温监测资料为研究对象，同样以葛洲坝和三峡工程的运行时间为分界点，对下游水温进行系统性分析，时间段可分为：天然状态（1956—1980 年）、葛洲坝运行后三峡工程运行前（1981—2002 年）、三峡工程运行后（2003—2011 年）。

根据图5-6可以看出，葛洲坝运行后三峡工程运行前期间基本与天然状态持平，说明葛洲坝的建设对所控河段水温的影响不大；三峡工程运行后期间内的3—7月水温明显下降，8—2月水温明显升高，同时体现了三峡水库拦蓄水量的同时，"滞温、滞冷"效应显著。

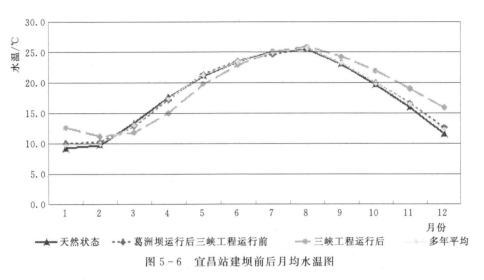

图5-6 宜昌站建坝前后月均水温图

各时期内月均水温具体数值可参见表5-5。1981—2002年葛洲坝运行后三峡工程运行前，月均水温最高的月份出现在8月，最高水温为25.7℃，月均水温最低的月份出现在1月，最低水温为10.1℃；2003—2011年三峡工程运行后，月均水温最高的月份出现在8月，最高水温为25.9℃，月均水温最低的月份出现在2月，最低水温为11.2℃；多年平均水温最高的月份出现在8月，最高水温为25.7℃，水温最低的月份出现在1月、2月，为10.1℃。

表5-5　　　　　　　　宜昌站建坝前后月均水温统计表　　　　　　　　单位:℃

年份	月份											
	1	2	3	4	5	6	7	8	9	10	11	12
1956—1980	9.2	9.7	13.3	17.6	21.1	23.4	25.0	25.6	23.1	19.6	16.0	11.6
1981—2002	10.1	10.2	12.8	17.2	21.4	23.6	24.7	25.7	23.2	19.9	16.6	12.6
2003—2011	12.6	11.2	11.8	15.0	19.8	22.9	25.1	25.9	24.3	21.9	19.0	15.9
多年平均	10.1	10.1	12.9	17.0	21.0	23.4	24.9	25.7	23.3	20.1	16.7	12.7

如图5-7所示，展示了宜昌站葛洲坝运行后和三峡工程运行后不同时期内与天然状态月均水温的对比情况，图中的数值表示不同时期内月均水温与天然月均水温的差。由图可知，各个时期的月均水温与天然状态的相比均有较大的差异。葛洲坝运行后三峡工程运行前期间内1月、2月、5月、6月、8月、9月、10月、11月、12月高于天然状态月均水温，但高出的幅度均在1℃之间，8月、9月的温差微乎其微；三峡工程运行后期间内呈现出较为明显的上升和下降，其中，3月、4月、5月、6月表现为下降，下降幅度最大的月份出现在4月，下降值达到2.5℃左右，其余月份均表现为上升，上升幅度最大的月

份在 12 月，上升值超过了 4℃。综合分析三峡工程和葛洲坝运行期间对天然水温的改变，除了发生在 1998 年 6—7 月的特大洪水对水温的影响，两个期间内对水温的改变方向是一致的，同为上升或同为下降，且各月上升下降的幅度三峡工程运行期间均大于葛洲坝运行期间，充分体现了三峡工程对天然水温情势的影响程度比葛洲坝显著。

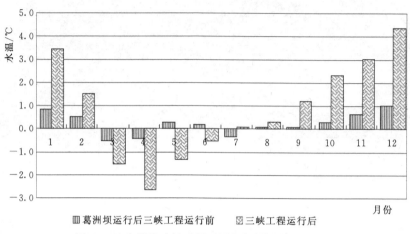

图 5-7　宜昌站建坝后距天然状态月均水温对比图

5.3.3　含沙量改变

含沙量改变的分析同样选取宜昌站 1956—2011 年的历史监测资料为研究对象，以葛洲坝和三峡工程的运行时间为分界点，对下游含沙量进行系统性分析，时间段可分为：天然状态（1956—1980 年）、葛洲坝运行后三峡工程运行前（1981—2002 年）、三峡工程运行后（2003—2011 年）。

根据宜昌站建坝前后月均含沙量情况（图 5-8）可以看出，各个时期的月均含沙量均低于天然状态水平。葛洲坝运行后三峡工程运行前期间内的 3—6 月下降幅度较其他月份较大；三峡工程运行后期间内的 1—3 月略低于天然状态，其余月份与天然状态相比均有大幅度降低，月均含沙量相对较高的月份出现在 7—9 月。说明了三峡水库的拦沙作用显著。

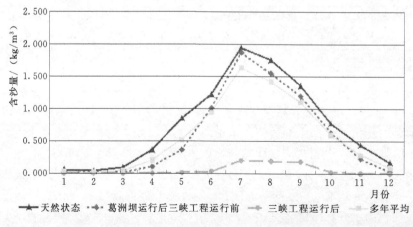

图 5-8　宜昌站建坝前后月均含沙量图

各时期内月均含沙量具体数值可参见表5-6。1981—2002年葛洲坝运行后三峡工程运行前，月均含沙量最高值可达到1.867kg/m³，分布在7月，月均含沙量最低值为0.018kg/m³，分布在2月、3月；2003—2011年三峡工程运行后，月均含沙量最高值为0.201kg/m³，分布在7月，月均含沙量最低值为0.004kg/m³，分布在2月、3月；多年平均含沙量最高值为1.631kg/m³，分布在7月，含沙量最低值为0.025kg/m³，分布在2月。

表5-6　　　　　　　　　宜昌站建坝前后月均含沙量统计表　　　　　　单位：kg/(m³·a)

年份	月份											
	1	2	3	4	5	6	7	8	9	10	11	12
1956—1980	0.062	0.040	0.094	0.364	0.848	1.215	1.938	1.749	1.351	0.775	0.439	0.171
1981—2002	0.023	0.018	0.018	0.106	0.364	1.005	1.867	1.545	1.191	0.635	0.231	0.036
2003—2011	0.005	0.004	0.004	0.007	0.017	0.037	0.201	0.193	0.185	0.027	0.007	0.005
多年平均	0.038	0.025	0.050	0.205	0.525	0.943	1.631	1.419	1.101	0.600	0.288	0.091

根据宜昌站建坝后距天然状态月均含沙量对比图5-9可知，两个时期的月均含沙量均低于天然状态含沙量。葛洲坝运行后三峡工程运行前期间内的1月、2月、3月、7月略低于天然状态，5月下降的幅度最大近0.5kg/m³，其余均在0.2kg/m³上下浮动；三峡工程运行后期间内1月、2月、3月、12月下降幅度不大，范围在0.2kg/m³以内，其余月份均有较大下降幅度，其中7月较天然状态的下降值近1.8kg/m³，是全年中最大。综合对比分析三峡工程和葛洲坝运行期间对天然含沙量的改变发现，两个期间内1月、2月、3月、4月、12月的改变值相近，其余月份中三峡工程运行期间改变值比葛洲坝运行期间大得多，并在6—10月表现得最为明显，同样是因为1998年的特大洪水发生在6月，冲走了大量泥沙，使坝下江段泥沙含量较低。同时，对比分析还发现葛洲坝和三峡工程均有一定的拦沙作用，且三峡工程的拦沙作用更为显著。

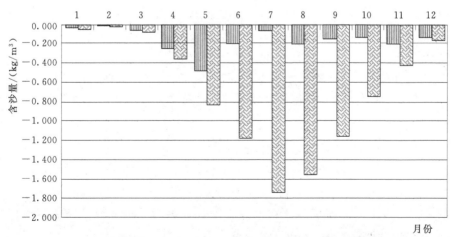

图5-9　宜昌站建坝后距天然状态月均含沙量对比图

综上所述，葛洲坝和三峡水利枢纽的建设对河流的天然状态改变较大，且三峡工程的影响程度更深。水利工程的建设，留滞了大量汛期来水，减少了坝下江段汛期流量的同时抬高了枯水期的江内水位，缓解了旱灾；"滞温、滞冷"现象的发生在一定程度上影响了水生生物的生活环境，威胁了敏感种群的繁衍生息；拦沙作用的显著发生，降低了坝下江段含沙量，水生生物栖息地环境遭到破坏的同时，更大程度上制约了河流的输沙能力，影响下游冲积平原、三角洲的形成和发展。

5.4　长江中下游水文情势变化对中华鲟鱼类影响

　　长江流域是拥有鱼类种类最繁、数量最多的流域，被称为我国淡水鱼类基因的摇篮，是经济鱼类的重要养殖基地，同时是生物多样性的典型代表流域。该流域分布了 378 种鱼类类别，占我国淡水鱼类种类的 49%，稳居亚洲第一。伴随国家经济的高速发展和人类活动对流域的影响，一些稀缺经济鱼类的生活环境受到破坏，生存家园遭到威胁，其中最需要迫切拯救的鱼类种群资源就是中华鲟。

5.4.1　中华鲟资源概况

　　据史料记载，中华鲟的存在可追溯到 1.4 亿年前的恐龙时期，是世界上现存鱼类中最原始的种类之一，也被称为"活化石"，是我国一级重点保护水生野生动物。中华鲟的生活区域主要分布在长江流域，其他水系也有发现，但为数不多；中华鲟属底栖鱼类，以浮游生物和底栖动物为主食；成年的中华鲟体长可达到 4m，体重可达到几千斤，存活年龄甚至可达到百年，是全球鲟鱼中个体最长、体重最重、寿命最长的鱼种，被誉为"水中国宝"。

　　中华鲟属于溯河洄游性鱼类，是我国渔业资源的重要组成品种。其主要生活区域为长江口外的浅海域，每年春末夏初，性成熟的中华鲟会历经数月从东海洄游到长江流域的产卵场，于 10 月初开始在长江产卵，时间持续 4~5 周。卵附着在河床的岩石和砂砾上，亲鱼孵出卵后 5~7d 后，幼鱼离开产卵场到浅水饲养，在 6 月或 7 月幼鱼到达河口以下，并在河口逗留几个月后，并最终迁移到大海，幼鱼在大海中需要经历 8~14 个春夏秋冬才能成长为可繁殖的成鱼，继续以这种方式洄游产卵繁殖后代。

　　早在 1996 年中华鲟就被世界自然保护联盟列为濒危物种，而现已不足 200 尾，呈指数型的趋势骤降。鉴于野生中华鲟物种的稀缺性、珍贵性、古老性、经济性和可研性，加大对其的保护力度是目前最紧迫的一项任务。

5.4.2　建坝前后中华鲟产卵场状况分析

　　葛洲坝施工前，中华鲟种群的历史产卵场分布在金沙江至重庆约 800km 长的长江流域江段上，共计 16 处，在合江至屏山之间约 200km 的江段上分布有较为集中的 5 处产卵场，也是最主要的 5 处产卵场，分别包括三块石、偏岩子、金堆子、铁炉滩以及望龙碛[92]。铁炉滩和望龙碛产卵场分布在宜宾县下游。三块石、偏岩子和金堆子该三个产卵场均分布在金沙江下游至宜宾河段内。三个产卵场内的地势条件相似，江段南岸为陡峭的山岩，江底排列有大量的岩层、卵石，江面比降较大，容易产生湍急的水流有助于中华鲟产卵。

1981年1月，葛洲坝水利工程投入运行，导致性成熟中华鲟前往产卵场的路径受到阻碍。迫于无奈，中华鲟种群不得不在坝下游江段内寻找新的适宜的产卵场进行产卵活动。监测结果表明新产卵场的范围主要分布在长江中游葛洲坝至庙嘴之间4km的江段内，通常将其分为上、下两个产卵区，其分布如图5-10所示。与在上游河段的历史产卵场相比，中华鲟在宜昌产卵场的繁殖能力显著降低。事实上，新产卵场的面积仅仅约为历史区域的3%。2008年，产卵场保护区长度从坝下80km被缩减为50km，核心保护区也由原来的50km被缩减为20km。

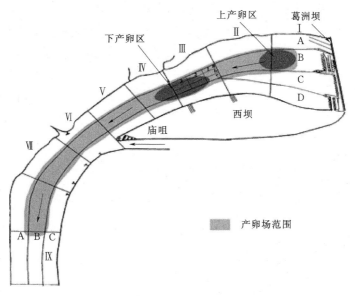

图5-10 葛洲坝下中华鲟产卵场示意图

当葛洲坝首次封闭，大量的中华鲟被堵在坝下附近水域，并且大量被渔民捕猎。据统计，总共1163尾性成熟的中华鲟被抓获，其中包括161尾来自大坝上游洄游回来的中华鲟[93]。作为地球上现存最古老的脊椎动物之一，中华鲟资源量的迅速枯竭带来了中国政府和有关部门高度的关注，每年仅允许100尾中华鲟被抓来进行科学项目研究。最新监测结果显示，2013—2014年两年间未发现中华鲟自然产卵的迹象，这也为保护中华鲟敲响了最后的警钟。

5.4.3 中华鲟栖息地影响因子分析

由于中华鲟物种的稀缺性、产卵场的易消失性，中华鲟又是我国长江流域最重要的野生保护动物之一，因此研究确定中华鲟栖息地的影响因子，合理调度保护其产卵场已迫在眉睫。中华鲟栖息地的影响因子有很多种，而且通常带有连带作用，一个影响因子的改变，往往使其他影响因子也随之发生变化，不同影响因子对不同时期的影响程度也有所不同。

本节通过对中华鲟繁殖期栖息地环境影响因子的分析，确定主要的影响成分，进而对坝下水文情势调节提供依据，为保护中华鲟种群资源提供不同方面的参考建议。

5.4.3.1　中华鲟栖息影响因子

为了分析中华鲟繁殖期栖息地环境的主要影响因子，先系统的分析各个因子指标对其繁殖栖息的影响是很有必要的。

（1）流量。1981 年葛洲坝水利枢纽的投入运行，使得中华鲟种群被迫在坝下寻找适宜的产卵场进行繁殖，新产卵场正位于坝下宜昌江段的西坝位置，水文资料可在宜昌站取得。据 1982—2006 年宜昌站 10—11 月（中华鲟产卵期）的监测资料显示，分析得出整个产卵期 10 月月均流量在 10095～33000m³/s 范围内波动，11 月月均流量在 6370～15200m³/s 之间，其中 10 月多年月均流量为 19079m³/s，11 月多年月均流量为 10312m³/s。

宜昌江段 10—11 月逐日流量图如图 5-11 所示，图中共展现出 1982 年、1992 年、2002 年共 3 年的流量信息，其中箭头所指向的日期即为中华鲟在该年份的具体产卵日期，可以看出在这 3 个年份中分别有 3 次、1 次、2 次产卵行为，而且行为的发生一般都是在汛期后的退水还未降至最低点的过程中，而在汛期流量加大的过程中一般不会有产卵行为发生。从而可以得出以下结论：中华鲟的产卵活动需要在汛期后流量减少的过程中给予一定的刺激，但要保证流量的适宜范围和流量下降的发生时间。同时也可以通过调控上游大坝下泄流量来促进其产卵活动。

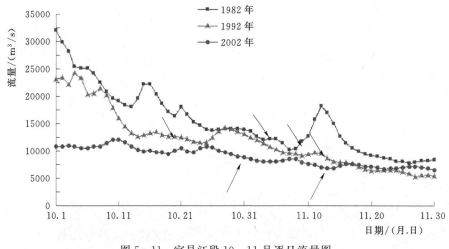

图 5-11　宜昌江段 10—11 月逐日流量图

（2）水位。流量的大小也同时决定着水位的高低。分析葛洲坝水利枢纽运行后 1982—2006 年宜昌站中华鲟产卵日水位监测数据资料，容易发现产卵日水位的波动范围为 40.36～47.93m，平均水位为 43.83m，中值为 43.73m。

如图 5-12 所示，为 1982 年、1992 年、2002 年宜昌江段 10—11 月逐日水位图，图中箭头同样为中华鲟产卵日的具体水位情况。通过分析可以看出，中华鲟产卵日之前的水位均出现上升情况，且产卵行为的发生出现在退水过程中，即汛期后的降水时段，且当水位在 43.73～47.93m 之间波动时，中华鲟产卵行为发生的概率最高。

（3）流速。流速对中华鲟的影响程度也是不可忽略的，流速对中华鲟繁殖的影响主要体现在以下几方面：

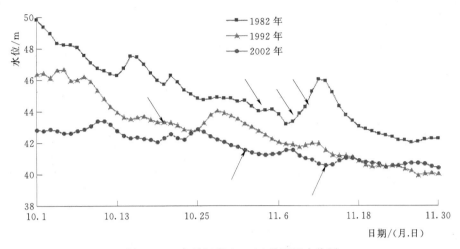

图 5-12 宜昌江段 10—11 月逐日水位图

1）对亲鲟发育的影响。亲鲟在发育的过程中，一定的流速可以刺激其性腺的发育，待其性腺发育成熟，流速的冲击还可以刺激亲鲟的产卵和排精。

2）对鱼卵受精的影响。一旦卵子和精子被排出，必要的流速可以将其彻底冲散，有助于卵子和精子的受精，从而提高受精率。

3）对受精卵的影响。一定的流速不仅可以将受精卵冲散，避免其黏结，还可以清理受精卵的粘附环境，对江底粘附介质（该宜宾江段底质主要由岩石和卵石组成）的表面和缝隙进行冲刷，有助于其充分粘附不至于被冲到下游，或被其他食卵鱼摄食，提高其存活率；一定的流速，还可以增加江底的溶解氧含量，有助于达到受精卵孵化环境的适宜条件，从而提高其孵化率。

中华鲟的受精卵属于粘附性鱼卵，江底维持适宜的流速条件是中华鲟能否顺利产卵繁殖的决定性条件。研究 1982—2006 年 25 年间共 42 次中华鲟产卵日期的流速数据发现，产卵日流速的波动范围为 0.78～2.01m/s，平均流速为 1.27m/s，中值为 1.19m/s，并分析出流速在 0.97～1.57m/s 范围内波动时，中华鲟的产卵行为次数发生的概率最大，约为总次数的 77%。

（4）水温。依据相关资料得知，中华鲟对水温的敏感程度较高，适宜的水温范围有助于中华鲟产卵活动的发生，但其具体的影响程度还待后续进一步研究分析。通过查阅 25 年间中华鲟 42 次产卵日的水温资料发现，1982 年、1985 年每年有三次产卵活动发生，1983 年、1986 年、1989 年、1991 年、1992 年、1998 年、2003 年、2004 年、2005 年、2006 共 10 年每年有 1 次产卵活动发生，其余年份每年均有 2 次产卵活动发生。

数据资料还显示，产卵日的最低水温为 15.8℃，最高水温为 20.8℃，平均水温为 18.7℃，中值为 18.6℃。在 42 次产卵活动中，有 38 次发生在 16.5～20℃范围内；而水温在 17.5～20℃范围，温差仅 2.5℃时，产卵活动高达 32 次，占总次数的 76.2%；且水温高于 20.5℃时有 3 次产卵活动发生，低于 16.5℃时仅有 1 次。1982—2006 年间中华鲟产卵水温分布频数图如图 5-13 所示，图中折线表示产卵活动发生的次数随水温升高的变化趋势。

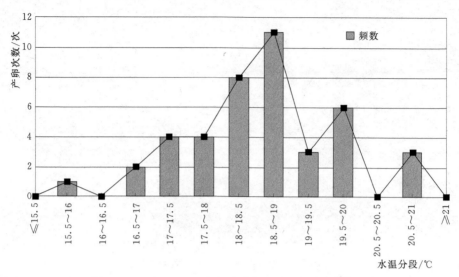

图 5-13　1982—2006 年间中华鲟产卵水温分布频数图

翻阅历史记录资料发现，中华鲟的 3 次低于 17℃的产卵活动中，第一次的监测水温为 15.8℃，第二次为 16.6℃，第三次为 17℃，3 次发生的时间分别为：1997 年 11 月 18 日、1985 年 11 月 11 日和 1984 年 11 月 13 日，且均发生在一年中多次产卵的最后一次，并通过研究其他年份有多次产卵活动的历史数据，得出：中华鲟的年内多次产卵活动中，发生的次数和水温呈负相关关系，即产卵次数越多水温越低。

水温高于 20℃的范围内，同样有 3 次产卵活动发生，且均发生在 20.5~21℃区间内，分别为：20.6℃、20.7℃、20.8℃，发生时间分别为：1997 年 10 月 22 日、2000 年 10 月 16 日、2006 年 11 月 13 日，说明该水温区间内是合适中华鲟产卵的。

通过 1982—2006 年共 42 次的产卵数据资料和以上分析，可以充分说明中华鲟的产卵期内江水水温需达到一定的范围，产卵活动才有可能发生，适宜水温的范围应取在16.5~20℃，特别在 17.5~20℃为最佳。

坝下江段的水温同时受库区滞温环境的影响，而葛洲坝是一座低水头大流量、反调节径流式水电站，基本不发挥调蓄作用，与其上游的三峡水利枢纽工程形成一个巨型水库，因此三峡水利枢纽工程的滞温效应才是引起坝下产卵场水温改变的关键原因。水温的改变不仅影响中华鲟的产卵信号，同时影响中华鲟性腺的发育进度，甚至不能完全发育，对中华鲟的免疫功能也会造成影响。

故选取三峡水利枢纽工程建设前 10 月水温相对较高的枯水年、平水年、丰水年为建坝前特征年份，分别为 1969 年、1975 年、1974 年，10 月平均水温分别为 20.8℃、20.1℃、19.6℃，11 月平均水温分别为 16.2℃、15.5℃、16.6℃；选取三峡水利枢纽工程建设后 10 月水温相对较高的枯水年、平水年、丰水年为建坝后特征年份，分别为 1998 年、2005 年、1999 年，10 月平均水温分别为 21.4℃、21.4℃、21.5℃，11 月平均水温分别为 17.4℃、18.1℃、17.4℃。由此可知，建坝前三个特征年份的 10 月平均水温为 20.2℃，建坝后为 21.4℃比建坝前高 1.2℃，建坝前三个特征年份的 11 月平均水温为 16.1℃，建坝后为 17.6℃比建坝前高 1.5℃，说明中华鲟的产卵期有延迟的趋势；而中华鲟产卵适宜水温的上限值为 20℃，建坝前的江水水温通常在 10 月 15 日左右便可达到，但建坝后滞温效应的显著影响，造成产卵上限水温的达到日期延迟，约为 10d。具体的坝后滞温效应对中华鲟产卵的影响见表 5-7。

表 5-7 坝后滞温效应对中华鲟产卵的影响

	特征年份		10月平均水温/℃	11月平均水温/℃	特征年份10月平均水温	特征年份11月平均水温	20℃水温达到日期	延迟时间/d
建坝前	枯水年	1969	20.8	16.2	20.2	16.1	10 月 15 日	
	平水年	1975	20.1	15.5			10 月 14 日	
	丰水年	1974	19.6	16.6			10 月 15 日	
建坝后	枯水年	1998	21.4	17.4	21.4	17.6	10 月 25 日	10
	平水年	2005	21.4	18.1			10 月 26 日	12
	丰水年	1999	21.5	17.4			10 月 26 日	11

（5）含沙量。含沙量的基本计算公式为：$a=(m-\rho v)/v$，即单位体积水体内所含泥沙的数量。通常水体中含沙量的变化主要受流量波动的影响，大江河流上建设的水利枢纽工程拦蓄流量的同时，无形中改变了坝下江段的体含沙量，特别是冲沙和泄洪的实施，对坝下水体含沙量的改变作用明显，而中华鲟产卵场正位于葛洲坝下游的西坝位置，受到三峡和葛洲坝梯级水库的综合影响，怎样调控梯级水库下泄流量也成了中华鲟能否成功产卵繁殖的重要因素。

分析 1982—2006 年间中华鲟的 42 次产卵日含沙量发现，最低含沙量为 0.09kg/m³，最高含沙量为 1.32kg/m³，均值为 0.44kg/m³，中值为 0.29kg/m³，进一步分析数据可知，42 次产卵中 35 次发生在 0.1～0.7kg/m³ 的范围内，而含沙量在 0.2～0.3kg/m³ 仅 0.1kg/m³ 的变动范围内产卵活动就发生了 17 次，占总发生次数的 41%，可见在该范围内，中华鲟的产卵活动达到了巅峰状态。1982—2006 年间中华鲟产卵日含沙量分布频数图如图 5-14 所示，图中折线表示产卵活动发生的次数随含沙量升高的变化趋势。

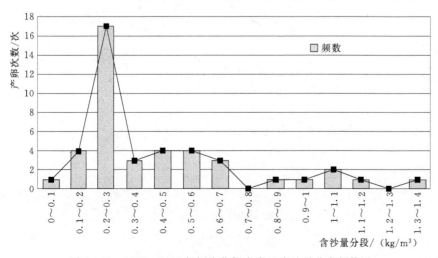

图 5-14 1982—2006 年间中华鲟产卵日含沙量分布频数图

综上所述，中华鲟作为三峡水库下游重要的鱼类资源保护物种，了解其产卵繁殖活动的影响因子才能进行有效的保护措施。中华鲟繁殖期栖息地环境容易受水文条件波动的影响，个别水文条件的突变将有可能引起产卵活动的削弱（产卵次数减少或产卵个数降低），甚至活动终止。因此中华鲟的产卵环境需要控制在严格的水文条件范围内，若某项指标未达到范围要求，产卵活动则将受到抑制而不能正常发生。如产卵水温应达到阈值 $15.8 \sim 20.8℃$、流量应达到阈值 $6980 \sim 26500 \text{m}^3/\text{s}$，并处在退水过程，在此条件下，且水位、流速、含沙量等水文条件均达到适宜范围（水位阈值：$40.36 \sim 47.93 \text{m}$，流速阈值：$0.78 \sim 2.01 \text{m/s}$、含沙量阈值：$0.09 \sim 1.32 \text{kg/m}^3$），中华鲟即有产卵活动发生。中华鲟产卵场的江道底质需要为卵石，底质的含沙量也不宜过大，这样才能保持卵石表面和缝隙的干净程度，以便于受精卵更好的附着和孵化所需溶解氧含量的汲取。上游三峡水利枢纽工程的修建对产卵场含沙量的减少是有利的，从而对中华鲟的产卵繁殖活动起到了促进作用。

5.4.3.2　主要影响因子分析

基于 1982—2006 年 25 年间共 42 次中华鲟产卵活动的具体水文情势数据和各个产卵日内记录的较为详细的文字资料，研究出影响中华鲟繁殖期栖息地环境的主要影响因子、各主要影响因子之间的相关联系和各因子的影响程度，分析出主要影响因子对中华鲟产卵活动的具体影响方面和具体体现。

（1）主成分分析原理。本次研究方法选取为多元统计分析中的主成分分析法。主成分分析法（Principal Components Analysis），旨在将多维转化为低维算法，起到简便算法的作用，即在全方面分析各个影响因子的前提下，归纳提取出能代表各影响因子的综合影响指标，同时这些综合影响因子彼此之间携带的信息相互独立。主成分分析法的运用同时有助于对分析结果中的各影响因子的解释和评价。

基本模型如下：

假设筑坝对中华鲟栖息地的影响因子为自变量，共 p 个；宜昌站的各项水文勘测数据为因变量，设为 n（$n > p$），整理得出以下矩阵[94]：

$$\boldsymbol{X} = \begin{bmatrix} x_{11} & x_{12} & \cdots & x_{1p} \\ x_{21} & x_{22} & \cdots & x_{2p} \\ \vdots & \vdots & & \vdots \\ x_{n1} & x_{n2} & \cdots & x_{np} \end{bmatrix} \qquad (5-8)$$

用向量表示为

$$\boldsymbol{X} = (X_1, X_2, \cdots, X_p) \qquad (5-9)$$

对 X 进行线性变换，得到新的综合变量 Y[95]，表示如下：

$$\left. \begin{aligned} Y_1 &= u_{11}X_1 + u_{12}X_2 + \cdots + u_{1p}X_p \\ Y_2 &= u_{21}X_1 + u_{22}X_2 + \cdots + u_{2p}X_p \\ &\quad\vdots \\ Y_n &= u_{n1}X_1 + u_{n2}X_2 + \cdots + u_{np}X_p \end{aligned} \right\} \qquad (5-10)$$

其中，$u_{k1}^2 + u_{k2}^2 + \cdots + u_{kp}^2 = 1$，$k = 1, 2, \cdots, p$。$Y_1, Y_2, \cdots, Y_n$ 均为实测变量，且已经过标准化处理；$X_1, X_2, \cdots, X_p$ 为 p 个因子变量；u_{ij} 为因子荷载，即第 i 个初始变

量在第 j 个公共因子上的荷载，同时表示第 i 个初始变量与第 j 个公共因子之间的相关关系系数[96]，也可作为影响系数。

在此，我们做出如下限定：

1）Y_i 与 Y_j 相互独立（$i \neq j$；i，$j = 1$，2，$\cdots$，n）。

2）Y_1 为式（5-10）中所有的线性组合中方差最大者；Y_2 满足所有的线性组合中方差次大者；Y_n 满足所有的线性组合中方差最小者[97]。

（2）指标的选取和基本数据收集。基于相关文献的研究结果，考虑资料收集的真实性和完整性，并结合长江宜昌站的实际情况，选取 9 个可能影响中华鲟繁殖（Y）的因子指标：流量（X_1）、水位（X_2）、水温（X_3）、含沙量（X_4）、流速（X_5）、流量变化率（X_6）、水位变化率（X_7）、水温变化率（X_8）、含沙量变化率（X_9），其中流量、水位、水温、含沙量、流速均为产卵日指标值，流量变化率、水位变化率、水温变化率、含沙量变化率均为产卵期 10—11 月的指标变化率，进而对影响中华鲟繁殖期栖息地环境的影响因子进行分析。

根据对宜昌站的水文资料整理统计，得到 1882—2006 年中华鲟在葛洲坝下产卵场内 10 月、11 月中产卵日与其相对应的 9 个影响因子指标共 42 组实测数据（即期间共产卵 42 次），并对其进行数据统计计算和表格制作，由于 SPSS 系统可以在计算过程中直接将数据标准化，已经消除量纲对其的影响，故在此不作标准化处理。

（3）主要影响因子的提取。本次分析运算采用 IBM SPSS Statistics 19 统计分析软件进行，由于 42 组实测数据过于繁多，此处就不在列表进行展示，直接分析运算的过程和结果。描述统计量和相关系数矩阵参见表 5-8 和表 5-9。

表 5-8　　　　　　　　　　描 述 统 计 量

水文指标	均值	标准差	分析 N
流量/（m³/s）	13485	4684	42
水位/m	43.8	1.72	42
水温/℃	18.6	1.1	42
含沙量/（kg/m³）	0.441	0.297	42
流速/（m/s）	1.27	0.30	42
流量变化量/（m³/s）	−121.3	46.2	42
水位变化量/m	−0.06	0.02	42
水温变化量/℃	0.004	0.01	42
含沙量变化量/（kg/m³）	−0.006	0.003	42

表 5-8 给出了各个成分的算术平均值、标准差和分析的样本数目，其中算术平均值和标准差的计算公式为 $\bar{x}_j = \dfrac{1}{n}\sum_{i=1}^{n} x_{ij}$、$\sigma_j = \left[\dfrac{1}{n-1}\sum_{i=1}^{n}(x_{ij}-\bar{x}_j)^2\right]^{1/2}$。由该表可知，流量变化率、水位变化率、含沙量变化率的均值为负值，其余为正值，这同时说明了中华鲟在水位下降、流量减少、含沙量降低的情况下有产卵活动发生。表 5-9 给出了各个成分之间的相关系数矩阵，即各个影响因子之间的影响程度。

表 5-9   相 关 系 数 矩 阵

水文指标	流量	水位	水温	含沙量	流速	流量变化率	水位变化率	水温变化率	含沙量变化率
流量/(m³/s)	1.000	0.958	0.208	0.790	0.904	−0.358	−0.380	0.035	−0.271
水位/m	0.958	1.000	0.142	0.712	0.877	−0.379	−0.351	−0.028	−0.330
水温/℃	0.208	0.142	1.000	0.227	0.271	0.292	0.262	−0.145	0.346
含沙量/(kg/m³)	0.790	0.712	0.227	1.000	0.781	−0.279	−0.386	0.013	−0.324
流速/(m/s)	0.904	0.877	0.271	0.781	1.000	−0.279	−0.372	0.000	−0.191
流量变化量/(m³/s)	−0.358	−0.379	0.292	−0.279	−0.279	1.000	0.885	−0.403	0.703
水位变化量/m	−0.380	−0.351	0.262	−0.386	−0.372	0.885	1.000	−0.447	0.637
水温变化量/℃	0.035	−0.028	−0.145	0.013	0.000	−0.403	−0.447	1.000	−0.073
含沙量变化量/(kg/m³)	−0.271	−0.330	0.346	−0.324	−0.191	0.703	0.637	−0.073	1.000

各个成分的初始特征值和可提取的成分个数见表 5-10，成分的特征值按由大到小的顺序依次排列，方差的百分比表示各个成分的特征值占总成分个数的百分比，将其逐之累计即得到了累积百分比。从表中的分析结果可以看出，前两个成分对应的特征值分别为 4.276、2.315，均大于 1，意味着这两个成分得分的方差都大于 1，且这两个成分的累积贡献率达到了 73.229%，由系统的分析结果表示可以提取两个主成分来进行因子荷载分析。

表 5-10   总 方 差 的 解 释

成分	初始特征值			提取平方和载入		
	合计	方差/%	累积/%	合计	方差/%	累积/%
1	4.276	47.508	47.508	4.276	47.508	47.508
2	2.315	25.721	73.229	2.315	25.721	73.229
3	0.981	10.902	84.131			
4	0.597	6.631	90.762			
5	0.348	3.869	94.632			
6	0.269	2.989	97.620			
7	0.125	1.387	99.007			
8	0.064	0.706	99.713			
9	0.026	0.287	100.000			

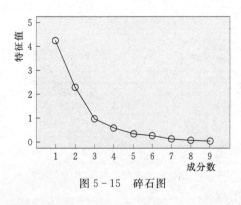

图 5-15 碎石图

为了进一步验证可提取主成分的数量，观察图 5-15 可以清晰地发现，从第三个成分处开始有明显的斜率变化，并遵循提取主成分特征值大于 1 的前提条件，提取两个主成分是合适的。因此，本次提取两个主成分来进行研究分析，进而解释选取的 9 个因子指标的绝大部分信息。

展示主成分和原始成分指标之间相互关系的主成分荷载表见表 5-11，表中的数值表示各个因子在两个主成分中所占权重的多少，同时表示各个因子与两个主成分的相关程度，系数的绝对值越大表示两者的相关程度越深，两个主成分的表达式可表示为

$$Y_1 = 0.894X_1 + 0.877X_2 + 0.035X_3 + 0.810X_4 + 0.849X_5 - 0.676X_6$$
$$- 0.708X_7 + 0.196X_8 - 0.575X_9$$

$$Y_2 = 0.366X_1 + 0.331X_2 + 0.695X_3 + 0.322X_4 + 0.425X_5 + 0.641X_6$$
$$+ 0.593X_7 - 0.499X_8 + 0.541X_9$$

表 5 - 11　　　　　　　　　　　主 成 分 荷 载 表

水文指标	成 分	
	1	2
流量/(m³/s)	0.894	0.366
水位/m	0.877	0.331
水温/℃	0.035	0.695
含沙量/(kg/m³)	0.810	0.322
流速/(m/s)	0.849	0.425
月流量变化量/(m³/s)	-0.676	0.641
月水位变化量/m	-0.708	0.593
月水温变化量/℃	0.196	-0.499
月含沙量变化量/(kg/m³)	-0.575	0.541

分析表 5 - 11 中的各个因子与主成分之间的荷载系数，不难发现，流量（X_1）在第一主成分 Y_1 上的荷载值较大为 0.894，贡献率高达 47.508%，因此可以选取流量（X_1）作为第一主要影响因子；水温（X_3）在第二主成分 Y_2 上的荷载值较大为 0.695，贡献率为 25.721%，因此可选取水温（X_3）为第二主要影响因子。

（4）主要影响因子意义分析。

1）流量（X_1）作为影响中华鲟繁殖期栖息地环境的第一主要影响因子，主要反映了中华鲟对流量的下降过程较为敏感，因为下泄流量的变化将直接导致下游产卵场实际水面的大小，这将从根本意义上对中华鲟的产卵造成威胁，而下泄流量的增加同时将直接引起下游河段水位的下降和流速的增大，水位的下降和较大的流速可以对亲鱼性腺进行刺激，促进性腺发育和产卵排精，精子卵子出生后亦需要一定的流速将其冲散，才能有助于精子与卵子的充分授精，提高受精率，受精卵被较大的流速冲走并附着于河床卵石上，避免受精卵粘结，降低其被摄食的几率，提高孵化率；大流量可以冲走下游江段的泥沙，使含沙量降低，进而可以提高下游卵石的清洁程度有助于受精卵的附着[98]，同时也能保证水中有足够充分的阳光和溶解氧含量，提供较好的孵化环境[99]。从而可以充分看出流量的下降过程对中华鲟产卵的重要性。因此可以将第一主要影响因子命名为流量因子，说明流量对中华鲟产卵繁殖具有主导性作用[100]。

2）X_3（水温）作为影响中华鲟繁殖期栖息地环境的第二主要影响因子，亦可以称之为限制因子，主要反映了水温对中华鲟产卵繁殖适应性的影响，因为鱼类自身不会调控体

温，是变温动物，其整个产卵繁殖过程均需要在恒定的温度范围内完成。据资料显示，水温范围在 17.5～20℃之间时，中华鲟的产卵活动达到最佳状态。由于三峡水利枢纽的运行，导致库区水温的滞温现象显著，改变下游江段的水温变化规律，造成中华鲟产卵日期推迟，同时影响中华鲟性腺的发育进度，甚至不能完全发育，对中华鲟的免疫功能也会造成影响，滞温的变化将最终决定中华鲟在适宜的其他水文水力条件下产卵繁殖行为能否正常发生。因此可将第二主要影响因子命名为水温因子，说明了水温是影响中华鲟产卵繁殖的先决性条件[62]。

两个主要影响因子的提取说明了可以从两个方面对中华鲟产卵繁殖的影响进行分析，流量需要对中华鲟的产卵产生刺激，而水温则需要保证中华鲟的产卵气候。也就是说在水温达到允许值的前提下，当下游产卵场流域内流量的加大导致水位、含沙量以及流速等水力学条件发生能引起中华鲟产卵的变化范围（此时的变化应为下降趋势），并且其他水文条件也要满足其产卵需求时，中华鲟的产卵繁殖行为才会发生。

5.4.4　三峡大坝对中华鲟产卵繁殖的影响

由前文分析可知影响中华鲟繁殖期栖息地环境的主要影响因子是流量和水温，这两个影响因子的合理性变化是中华鲟能否顺利产卵繁殖的关键，为了充分分析三峡水库蓄水对中华鲟产卵繁殖的影响，应综合分析适宜中华鲟产卵繁殖的各个水文指标。因此，本节综合分析 10—11 月（产卵期）的流量、水温和含沙量要素在三峡水库蓄水后的变化情况，进而分析三峡水库蓄水对中华鲟产卵繁殖的影响。

由于宜昌站位于中华鲟产卵场分布区域内，可以较完整、清晰地反映出产卵场水文要素的实时变化情况，同时宜昌站具有较为完整历史监测数据资料，此外，宜昌站也是三峡和葛洲坝的出口控制断面，具有很好的代表性。因此本次同样选取宜昌站的水文历史监测资料作为分析中华鲟产卵场的辅助资料。

5.4.4.1　中华鲟产卵季节 10—11 月生态水文要素变化分析

依据宜昌站 1956—2011 年共 56 年的日流量监测数据，整理出 10 月和 11 月的月均流量序列，通过向性倾向估计法对两个月的均值流量进行趋势估计，由宜昌站 1956—2011 年月均流量趋势分析图中 10 月和 11 月的线性估计可知，该两个月的月均流量均呈现出下降趋势，下降倾向率分别为 110.270m³/(s·a)、18.471m³/(s·a)，并通过 M-K 法检验计算得知，该两个月流量序列的检验统计值 Z 分别为 −3.145、−1.414 均为下降趋势，检验结果与线性估计计算结果一致，其中 10 月检验统计值的绝对值大于 1.96，超过了 95% 的置信度水平，说明 10 月的月均流量序列的下降趋势显著。其中，10 月月均流量下降了 6175m³/s，11 月月均流量下降了 1034m³/s，分别占多年月平均的 36.4% 和 10.6%，而且减少量是逐年递增的。

同时统计出宜昌站 1956—2011 年共 56 年的 10 月和 11 月月均水温监测数据，并整理成序列，通过向性倾向估计法对两个月的月均水温进行趋势估计，由宜昌站 1956—2011 年月均水温趋势分析图中 10 月和 11 月的线性估计可知，该两个月的月均水温均呈现出上升趋势，上升倾向率分别为 0.0436℃、0.0605℃，并通过 M-K 法检验计算得知，该两个月水温序列的检验统计值 Z 分别为 4.636、6.453 均为上升趋势，检验结果与线性估计计算结果一致，两者的绝对值均大于 2.32 超过了 99% 的置信度水平，说明 10 月和 11 月的月均水温序列的上升趋势极为显著。其中，10 月月均水温上升了 2.4℃，11 月月均水温上升了 3.4℃，分别占多年月平均的 12.1%、20.3%。

同理由宜昌站 1956—2011 年月均含沙量趋势分析图中 10 月和 11 月的线性估计可知，该两个月的月均含沙量均呈现出下降趋势，下降倾向率分别为 0.0136kg/m³、0.0088kg/m³，并通过 M-K 法检验计算得知，该两个月含沙量序列的检验统计值 Z 分别为 -5.449、-6.460 均为下降趋势，检验结果与线性估计计算结果一致，两者的绝对值均大于 2.32 超过了 99% 的置信度水平，说明 10 月和 11 月的月均含沙量序列的下降趋势极为显著。其中，10 月月均含沙量下降了 0.7621.5kg/m³，11 月月均含沙量下降了 0.493kg/m³，分别是多年平均的 1.3 倍和 1.7 倍。流量、水温、含沙量的具体趋势分析详见表 5-12。

表 5-12　　　　　　中华鲟产卵期宜昌站水文指标趋势分析表

| 水文指标 | 月份 | 线性分析结果 | | | 趋势性 | 检验统计值 | | Kendall 检验成果 | |
		r	a	b		Z	临界值	是否通过 95% 置信度	趋势显著性
流量	10	-0.448	20129	-110.27	下降	-3.145	1.96	√	显著
	11	-0.17	10279	-18.471	下降	-1.414	1.96	×	不显著
水温	10	0.655	18.8800	0.0436	上升	4.636	1.96	√	显著
	11	0.779	15.0010	0.0605	上升	6.453	1.96	√	显著
含沙量	10	-0.730	0.9869	-0.0136	下降	-5.449	2.32	√	显著
	11	-0.743	0.5381	-0.0088	下降	-6.460	2.32	√	显著

注　取置信度 $\alpha = 0.05$。

三峡水库蓄水前后宜昌站 10—11 月生态水文要素对比见表 5-13，蓄水前时间段为 1956—2002 年，蓄水后时间段为 2003—2011 年。由表可知，10 月月均流量蓄水后较蓄水前下降了 5943m³/s，占蓄水前多年月均的 33.1%，11 月下降了 856m³/s，占蓄水前多年月均的 8.7%；10 月月均水温蓄水后较蓄水前上升了 2.1℃，占蓄水前多年月均的 10.6%，11 月上升了 2.7℃，占蓄水前多年月均的 16.6%；10 月月均含沙量蓄水后较蓄水前下降了 0.683kg/m³，占蓄水前多年月均的 96.2%，11 月下降了 0.335kg/m³，占蓄水前多年月均的 98.0%。

表 5-13　　　　　三峡水库蓄水前后宜昌站 10—11 月生态水文要素对比表

| 水文要素 | 10 月 | | | | 11 月 | | | |
	蓄水前	蓄水后	变化值	变化程度	蓄水前	蓄水后	变化值	变化程度
流量/(m³/s)	17941	11998	-5943	-33.1%	9890	9034	-856	-8.7%
水温/℃	19.8	21.9	2.1	10.6%	16.3	19.0	2.7	16.6%
含沙量/(kg/m³)	0.710	0.027	-0.683	-96.2%	0.342	0.007	-0.335	-98.0%

宜昌站流量和水温要素的变化会使中华鲟早已适应的产卵场生态环境受到影响甚至被毁坏，中华鲟的产卵繁殖将受到影响，甚至威胁其生存。流量的下降，将直接导致中华鲟产卵场实际面积的缩小，水温的上升，将会影响中华鲟的产卵信号，破坏中华鲟产卵时的适宜温度条件，同时三峡水库蓄水引起的滞温效应会导致中华鲟推迟产卵的迹象发生。产卵场内含沙量的减少一定程度上是有利于中华鲟产卵的。

5.4.4.2　三峡水库蓄水后中华鲟产卵繁殖情况分析

三峡水库蓄水后中华鲟的产卵繁殖情况发生了明显改变，本次分析主要从中华鲟产卵的时间、次数、规模和受精率方面着手进行，进而分析生态水文要素的改变对其产卵繁殖的影响。

（1）三峡水库蓄水前后中华鲟产卵时间、次数变化分析。依据宜昌站 1982—2012 年 30 年间共 48 次产卵记录，制出中华鲟历史产卵日期分布图，如图 5-16 所示，由于 2013、2014 年未检测到中华鲟产卵现象，因此近两年不予考虑。图中展示了各个年份中华鲟产卵的具体日期分布情况，从图中可以看出 30 年间每年均至少有一次产卵活动发生，截至 2012 年前发生的时间均分布在 10—11 月，2012 年发生在 12 月 5 日，并集中在 10 月中下旬。三峡水库蓄水前的各年份中，只有 1982 年、1985 年出现了三次中华鲟产卵迹象，1983 年、1986 年、1989 年、1991 年、1992 年、1998 年出现了一次产卵迹象，其余年份均出现两次，水库蓄水前第一次产卵活动的发生时间最早在 10 月 13 日，最晚发生在 11 月 7 日，且仅有这一次发生在 11 月以后，其余均在 10 月；第二次产卵活动最早发生在 10 月 27 日，最晚发生在 11 月 18 日。然而三峡水库蓄水后时期内，2012 年中华鲟的产卵活动发生两次，其余年份每年有且只有一次，并且在图中可以清晰地看出每年的产卵时间均逐年推迟，最早的发生时间在 11 月 6 日，比蓄水前的最早时间推迟了 24 天，最晚发生时间在 12 月 5 日。通过以上分析可以总结出：自三峡水库蓄水以来已经导致了坝下江段中华鲟产卵时间推迟、产卵次数减少的现象发生。

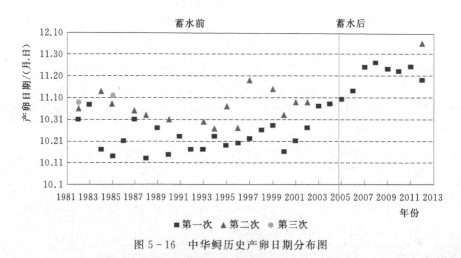

图 5-16　中华鲟历史产卵日期分布图

（2）三峡水库蓄水前后中华鲟产卵规模、受精率分析。整理 1996—2012 年宜昌站中华鲟的产卵情况，其中包括各年份的平均采卵受精率和产卵规模（由于资料欠缺受精率仅分析到2006年），详细的统计数据结果见表5-14，年内中华鲟的产卵受精率变化如图5-17所示。

表5-14　　　　　　三峡水库蓄水前后中华鲟产卵情况统计表

产卵情况	年份								
	1996	1997	1998	1999	2000	2001	2002	2003	2004
采获卵受精率/%	96	62	78	95	93.4	87	78.3	23.8	28.1
产卵规模	大	中	大	大	小	小	中	大	中

产卵情况	年份							
	2005	2006	2007	2008	2009	2010	2011	2012
采获卵受精率/%	32.3	34.5	—	—	—	—	—	—
产卵规模	小	小	小	小	中	小	小	小

注　大产卵规模：产卵量＞2000万粒；中产卵规模：500＜产卵量＜2000万粒；小产卵规模：产卵量＜500万粒。
相关资料来自长江水产所。

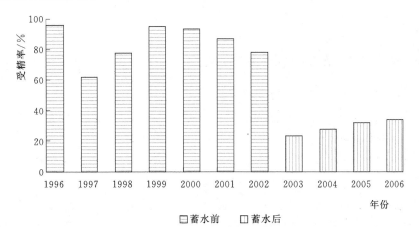

图5-17　1996—2006年宜昌站中华鲟的产卵受精率变化图

由表5-14可知，三峡水库蓄水前（1996—2002年）采获鱼卵的受精率最高为96.0%，出现年份为1996年；受精率最低为62.0%，出现年份为1997年，蓄水前采获鱼卵多年平均受精率为84.2%。对比分析三峡水库蓄水后时期内（2003—2012年），各年份的采获卵受精率最大值仅为34.5%，连蓄水前的多年平均值的一半还未达到，蓄水后采获鱼卵多年平均受精率为29.7%，较蓄水前下降了54.6%。从表中还可以看出中华鲟的产卵规模也在逐年缩小。通过以上分析较充分地说明了：自三峡水库蓄水以来已经导致了坝下江段中华鲟产卵规模缩小和受精率降低的现象发生。

经过以上对三峡水库蓄水前后中华鲟产卵时间、次数、产卵规模、受精率变化的分析，可以看出三峡水利枢纽工程的建设引起水文要素变化的同时严重影响了下游中华鲟的产卵和繁殖。三峡水库的滞温效应引起中华鲟产卵期内（10—11月）坝下江段水温较天然状态有所升高，而水温又是中华鲟产卵的主要限制因子，必须在一定的温度范围内，产卵行为才有可能发生，因此水库蓄水后造成中华鲟的产卵时间推迟到11月进行。三峡水库蓄水引起水温变化的同时，调蓄功能也使下泄流量发生了变化，而中华鲟的产卵活动又需在流量的下降过程和一定的流量范围内发生，这无疑又改变了中华鲟对天然流量状态的适应程度。流量的变化又引起了坝下江段的水位、流速和含沙量天然状态的改变，从而又进一步影响了中华鲟产卵的适宜水文条件，水位的变化会影响其栖息场所，流速的变化则会影响其性腺发育和产卵刺激，含沙量的变化又会影响其受精卵的粘附和溶解氧的汲取。总而言之，三峡水库蓄水运行后对坝下江段中华鲟产卵繁殖的影响是灾难性的。

5.5　长江中下游水文情势变化对"四大家鱼"影响

5.5.1　"四大家鱼"关键期选择

根据对"四大家鱼"的产卵繁殖情况分析得出，"四大家鱼"的产卵期主要在每年的4月下旬至7月下旬，产卵繁殖较密集得集中在5—6月。"四大家鱼"的产卵繁殖与水温有着密切相关的关系，宜昌水文站4月下旬至7月下旬的水温主要在14～30℃，天然情况下，"四大家鱼"在18℃的时候开始产卵，20～24℃的时候产卵繁殖最为频繁，但当水温小于18℃的时候产卵活动将会终止。

本节采用的水文数据为1982—2013年的宜昌水文站历年流量资料，水温数据为1956—2013年宜昌水文站水温资料，泥沙数据为1950—2013年宜昌水文站泥沙资料。

5.5.2　"四大家鱼"产卵期生态水文情势分析

5.5.2.1　"四大家鱼"产卵繁殖期条件分析

（1）产卵场河床地貌特征：

1）河段平面形态："四大家鱼"的产卵场所在河段一般为弯曲型、顺直型、叽头型和分汊型四种。历史研究表明，"四大家鱼"多数喜欢在弯曲型、叽头型和分汊型的河道中进行产卵繁殖，原因是该种河道水流形态多变，流速变化较大，可刺激"四大家鱼"产卵繁殖。经统计，长江中游干流共有叽头型河道38处，在"四大家鱼"产卵河段内的有31处。沙洲40个，分布在产卵场范围内的有37个。河湾40个，位于产卵场范围内的有35个。

2）河床地形地貌："四大家鱼"产卵场地形地貌均比较复杂，且产卵场内分布有多个深潭-浅滩。河道内水流运动较为复杂，流态紊乱无规律。

（2）产卵繁殖时间。根据历年"四大家鱼"的监测表明，"四大家鱼"产卵繁殖活动大约在4月下旬至7月上旬。产卵繁殖较密集的集中在5—6月。

（3）水文条件。根据以往的研究资料表明，水温和涨水过程是制约"四大家鱼"产卵繁殖的很关键的因素。

1）水温因素："四大家鱼"的产卵繁殖与水温有着密切相关的关系，宜昌水文站4月下旬至7月下旬的水温主要在14～30℃，天然情况下，"四大家鱼"在18℃的时候开始产卵，20～24℃的时候产卵繁殖最为频繁，但当水温小于18℃的时候产卵活动将会终止。

2）涨水条件。绝大多数"四大家鱼"的产卵繁殖是在涨水期间进行的，在4—7月"四大家鱼"的产卵繁殖季节中，长江干流都会经历几次明显的涨水幅度大约为1.5～3.5m涨水过程，涨水过程中流量增加，水温抬高，相应的流速加快，涨水过程开始后的

0.5～2d内"四大家鱼"开始进行产卵繁殖活动。但是当水位下降、流量降低、水流速度减小,"四大家鱼"的产卵繁殖活动将会停止。

5.5.2.2 "四大家鱼"产卵繁殖与生态水文要素关系分析

根据对历史"四大家鱼"的苗汛及产卵数量的调查研究显示,"四大家鱼"的每次苗汛都持续在4d以上,有研究认为"四大家鱼"偏爱在涨水0.5～2d内开始进行产卵,本节收集了1997～2011年"四大家鱼"产卵场历史产卵监测结果,见表5-15。

表 5-15 　　　　　　　　监利断面"四大家鱼"产卵场历史产卵监测结果

年份	涨水日期/(月.日)	涨水次数	历时/d	流量日涨率/[m³/(s·d)]	水位日涨率/(m/d)	苗汛日期/(月.日)	鱼苗径流量/万尾	合计/万尾
1997	5.9—5.21	2	9	1053	0.40	5.20—5.24	156674	168493
	6.6—6.15		7	2100	0.70	6.11—6.14	11819	
1998	5.1—5.15	2	4	2380	0.68	5.14—5.31	72176	263703
	6.6—6.30		8	815	0.31	6.11—6.27	191527	
1999	5.16—5.26	3	4	2406	0.59	5.18—5.31	73131	193006
	6.6—6.11		6	1150	0.46	6.10—6.20	34798	
	6.17—6.30		7	1257	0.39	6.23—6.30	85077	
2000	5.12—5.15	2	8	300	0.19	5.19—5.27	31084	237698
	6.7—6.10		15	1018	0.40	6.10—6.14	206614	
2001	5.1—5.6	2	5	668	0.29	5.9—5.13	58429	126788
	6.5—6.9		11	993	0.38	6.11—6.14	68359	
2002	5.16—5.18	2	8	1013	0.56	5.20—5.24	53984	122665
	6.9—6.14		7	257	0.54	6.14—6.17	68681	
2007	6.1—6.5	3	12	503	0.25	6.8—6.9	1494	7528
	7.7—7.12		5	3194	1.60	7.14—7.19	4340	
	7.18—7.24		13	501	0.23	7.26—7.28	1694	
2011	6.16—6.20	2	4	4325	1.00	6.18—6.26	5600	11300
	6.25—6.28		13	669	0.26	6.28—7.7	5700	

由表5-15可以看出,"四大家鱼"产卵高峰期主要集中在5月中旬到7月中旬,产卵期间内最少产卵2次,涨水历时在2～15d之间,流量日涨率在120～5675m³/(s·d)之间,水位日涨水率在0.06～1.60m/d之间。苗汛日期最少持续时间为4d,在2000年达到最多持续15d。根据13次"四大家鱼"产卵监测结果可以看出,起点水位高程对"四大家鱼"的产卵繁殖规模影响并不大,但涨水次数与涨水历时对其的繁殖规模有较大的影响。鱼苗径流量随涨水天数及涨水次数的增加而增加,涨水日期持续越长及涨水历时越长,产卵量越大。

"四大家鱼"产卵期间水文特征分析。根据"四大家鱼"产卵期间的水文情况,分析了"四大家鱼"产卵繁殖期间各水文要素的均值、变化范围、标准差以及涨水历时、日上涨率等。并且为了统计"四大家鱼"产卵期间各水文要素的适宜范围，采用 sturge 规则计算了水温要素的最佳间隔，统计了在不同水文要素范围内"四大家鱼"的产卵次数，并得出各水文要素的频率曲线，统计分析结果见表 5－16，频率曲线图如图 5－18～图 5－24所示。

表 5－16   "四大家鱼"产卵期间各水文要素特征分析

水文要素	流量 /(m³/s)	水位 /m	水温 /℃	含沙量 /(kg/m³)	涨水历时 /d	流量日涨率 /[m³/(s·d)]	水位日涨率 /(m/d)
均值	17529	45.17	23.4	0.378	7.36	1615	0.54
最大值	34700	49.88	25.8	1.412	15.0	5675	1.60
最小值	7958	41.40	20.9	0.007	2.0	120	0.06
标准差	5695	1.90	1.3	0.440	3.4	1523	0.39
适宜范围	11000～15000	43.60～46.20	22.1～24.2	0.006～0.206	2～8	100～1900	0.05～0.65

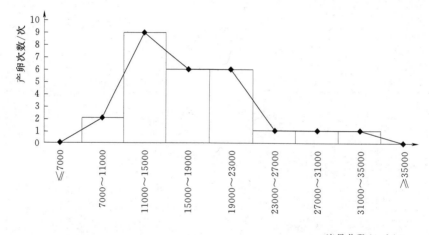

图 5－18   "四大家鱼"流量频率曲线图

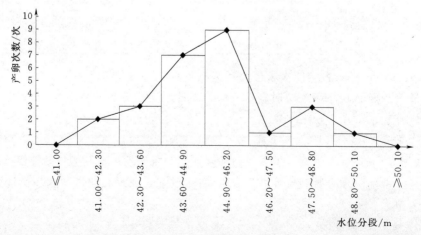

图 5－19   "四大家鱼"水位频率曲线图

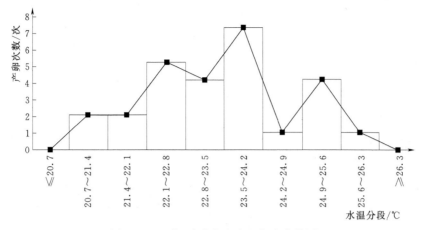

图 5-20 "四大家鱼"水温频率曲线图

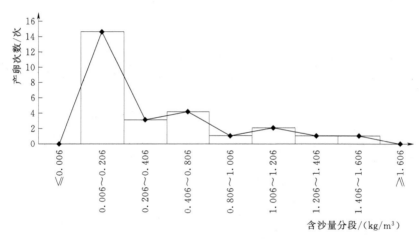

图 5-21 "四大家鱼"含沙量频率曲线图

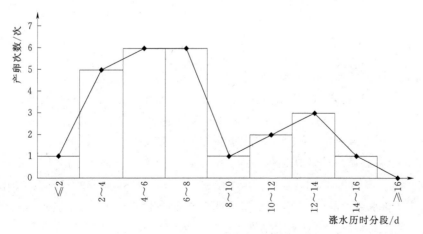

图 5-22 "四大家鱼"涨水历时频率曲线图

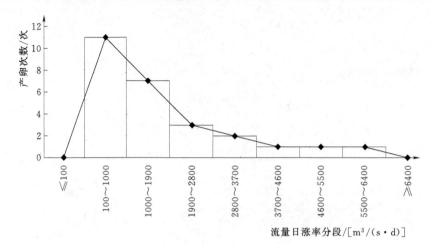

图 5-23　"四大家鱼"流量日涨率频率曲线图

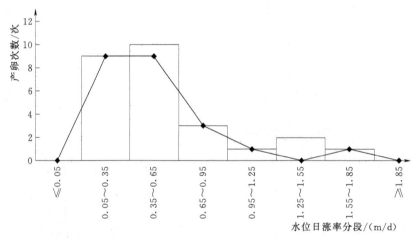

图 5-24　"四大家鱼"水位日涨率频率曲线图

　　研究中采用 sturge 规则计算水文要素的期间最佳间隔,对水文要素进行区间分段,计算公式如下:

$$I = \frac{R}{1 + 3.908 \times \log N} \qquad (5-11)$$

式中: I 为最佳间隔尺寸; R 为水文要素的变化范围; N 为次数。

　　由上式可以计算出各水文要素的最佳间隔,流量的最佳计算间隔为 $4095 m^3/s$,水位的最佳计算间隔为 $1.3m$,水温的最佳计算间隔为 $0.7℃$,含沙量的最佳计算间隔为 $0.215 kg/m^3$,涨水历时的最佳计算间隔为 $2.0d$,流量日涨率的最佳计算间隔为 $851 m^3/(s \cdot d)$,水位日涨率的最佳计算间隔为 $0.24m/d$。为了方便统计计算,最佳计算间隔分别采用流量 $4000 m^3/s$、水位 $1.30m$、水温 $0.7℃$、含沙量 $0.200 kg/m^3$、涨水历时 $2.0d$、流量日涨率 $900 m^3/(s \cdot d)$、水位日涨率 $0.3m/d$。

　　根据对"四大家鱼"产卵繁殖期间各水文要素的频率曲线图分析可以看出,"四大家鱼"产卵繁殖的适宜流量为 $11000 \sim 15000 m^3/s$,适宜水位为 $43.60 \sim 46.20m$,适宜水温为 22.1～24.2℃，适宜含沙量为 0.006～0.206kg/m³，适宜涨水历时为 2～8d，适宜流量日涨率 100～1900m³/(s•d)，适宜水位日涨率 0.05～0.65m/d。

5.5.2.3　三峡水库蓄水前后"四大家鱼"产卵季节生态水文目标对比

为了分析三峡工程蓄水对"四大家鱼"产卵繁殖活动的影响，我们首先确定了"四大家鱼"产卵季节内的生态水文目标。三峡水库蓄水前，长江中下游"四大家鱼"的产卵繁殖高峰期一般在 5—7 月，经调查研究发现，三峡水库蓄水后，"四大家鱼"产卵日期向后延迟，产卵高峰期为 5—7 月，因此，本小节针对三峡工程蓄水前后的 5—7 月水文变化特征进行定量分析，建坝前分析时段为 1982—2002 年，建坝后分析时段为 2003—2013 年。具体水文指标包括：流量、水位、水温、含沙量以及涨水过程中的涨水次数、涨水历时、流量上涨率和上涨率等。生态水文指标采用各水文指标的平均值 ±δ（标准差）计算得出。计算结果见表 5-17 和表 5-18。

由表 5-17 和表 5-18 三峡水库蓄水前后"四大家鱼"产卵场 5—7 月生态水文目标对比可以看出，三峡水库蓄水前，在 5 月，要保证涨水次数 2～3 次，每次持续涨水历时 7.7～14.7d，每日流量上涨率为 714～1921m³/(s•d)，水位上涨率为 0.36～0.72m/d；在 6 月，要保证涨水次数 2～3 次，每次持续涨水历时 8.2～15.9d，每日流量上涨率为 1181～3297m³/(s•d)，水位上涨率为 0.40～0.9m/d；在 7 月，要保证涨水次数 1～3 次，每次持续涨水历时 6.1～12.9d，每日流量上涨率为 2104～5080m³/(s•d)，水位上涨率为 0.47～0.96m/d。三峡水库蓄水后，在 5 月，要保证涨水次数 2～3 次，每次持续涨水历时 9.3～17.6d，每日流量上涨率为 644～1350m³/(s•d)，水位上涨率为 0.29～0.58m/d；在 6 月，要保证涨水次数 1.6～2.2 次，每次持续涨水历时 6.8～12.1d，每日流量上涨率为 888～2697m³/(s•d)，水位上涨率为 0.44～0.90m/d；在 7 月，要保证涨水次数 2～3 次，每次持续涨水历时 6.5～18.6d，每日流量上涨率为 1148～3778m³/(s•d)，水位上涨率为 0.36～0.86m/d。

由上分析可知，三峡工程蓄水后，"四大家鱼"产卵期的生态水文指标发生了明显变化，其中每月涨水次数仍为 2—3 月，5—7 月每项指标都有所减少，出现此类现象的原因是因为三峡水库在洪水期的蓄水作用导致了下泄流量的减少，造成了涨水作用的下降。

5.5.3　三峡大坝对"四大家鱼"产卵繁殖影响

5.5.3.1　"四大家鱼"产卵季节 5—7 月生态水文要素变化分析

根据宜昌水文站 5—7 月流量、水温、含沙量长系列数据资料，统计分析"四大家鱼"产卵期宜昌站水文指标变化趋势见表 5-19。

根据宜昌水文站 1882—2013 年 132 年的日均流量数据，分析得出 5 月、6 月、7 月的月平均流量序列，通过线性倾向估计法对 5—7 月的月均流量进行趋势估计得出，宜昌站 5—7 月的月平均流量均呈下降趋势，下降倾向值分别为 11.066m³/(s•a)、16.909m³/(s•a) 和 19.526m³/(s•a)，采用 M-K 法对 5—7 月进行分析可知，这 3 个月的流量序列的统计检验值 Z 分别为 -5.98、-6.18、-5.11，均呈下降趋势，其检验结果与线性倾向估计法的检验结果一致。且 3 个月的检验绝对值 |Z| 均小于 1.96，未超过 95% 的置信度水平，说明该 3 个月的月平均流量序列下降趋势不显著。

表5-17 三峡工程蓄水前"四大家鱼"产卵场5—7月生态水文目标

水文指标	5月			6月			7月		
	均值	变化范围	生态水文目标	均值	变化范围	生态水文目标	均值	变化范围	生态水文目标
流量/(m³/s)	11209	7415~16702	8854~13565	18291	11658~22600	15471~21111	31039	20200~45419	24321~37756
水位/m	42.99	41.25~44.63	42.01~43.97	44.85	41.53~46.78	43.39~46.30	48.85	45.97~51.33	47.43~50.27
水温/℃	21.4	20.0~22.7	20.7~22.1	23.6	22.7~24.5	23.0~24.1	24.7	23.4~26.4	23.7~25.6
含沙量/(kg/m³)	0.330	0.056~0.810	0.145~0.514	0.879	0.401~1.940	0.566~1.192	1.822	0.708~2.717	1.306~2.339
涨水次数/次	2	1~3	2~3	2	1~3	2~3	2	1~4	1~3
涨水历时/d	11.2	6.0~21.0	7.7~14.7	12.0	4.0~18.0	8.2~15.9	9.5	4.0~15.0	6.1~12.9
流量上涨量/(m³/s)	1318	374~2743	714~1921	2239	1183~5586	1181~3297	3592	1694~7000	2104~5080
水位上涨量/m	0.54	0.27~0.92	0.36~0.72	0.65	0.42~1.35	0.40~0.9	0.72	0.30~1.24	0.47~0.96

表5-18 三峡工程蓄水后"四大家鱼"产卵场5—7月生态水文目标

水文指标	5月			6月			7月		
	均值	变化范围	生态水文目标	均值	变化范围	生态水文目标	均值	变化范围	生态水文目标
流量/(m³/s)	11765	8978~15995	9596~13934	16675	13507~20677	14678~18672	27320	19266~39258	21207~33432
水位/m	42.52	41.14~43.87	41.65~43.38	44.44	43.40~46.30	43.59~45.29	47.87	45.30~50.74	46.34~49.40
水温/℃	19.7	17.2~21.3	18.3~21.1	23.0	21.5~23.7	22.3~23.6	25.1	24.1~26.4	24.3~25.9
含沙量/(kg/m³)	0.015	0.003~0.097	0.012~0.041	0.033	0.007~0.173	0.012~0.079	0.217	0.048~0.498	0.083~0.351
涨水次数/次	2.3	1~4	2~3	1.9	1~2	1.6~2.2	2.3	1~3	2~3
涨水历时/d	13.5	6.0~22.0	9.3~17.6	9.5	5.0~15.0	6.8~12.1	12.5	3.0~26.0	6.5~18.6
流量上涨量/(m³/s)	997	425~1698	644~1350	1793	131~3478	888~2697	2463	600~4767	1148~3778
水位上涨量/m	0.43	0.21~0.74	0.29~0.58	0.67	0.37~1.17	0.44~0.90	0.61	0.25~1.05	0.36~0.86

表5-19　　　　　　　　　　　"四大家鱼"产卵期宜昌站水文指标趋势分析表

| 水文指标 | 月份 | 线性分析结果 | | | 趋势性 | 检验统计值 | | Kendall 检验成果 | |
		r	a	b		Z	临界值	是否通过 95％置信度	趋势显著性
流量/(m³/s)	5	0.1245	33309	−11.066	下降	−5.98	1.96	√	显著
	6	0.1741	51397	−16.909	下降	−6.18	1.96	√	显著
	7	0.0700	67734	−19.526	下降	−5.11	1.96	√	显著
水温/℃	5	0.3251	61.082	−0.0202	下降	−0.85	1.96	×	不显著
	6	0.1500	33.859	−0.0053	下降	−0.32	1.96	×	不显著
	7	0.0224	27.156	−0.0011	下降	0.01	1.96	×	不显著
含沙量/(kg/m³)	5	−0.63403	30.16	−0.015	下降	−6.95	2.32	√	显著
	6	−0.54918	31.561	−0.0155	下降	−3.82	2.32	√	显著
	7	−0.63079	51.423	−0.0251	下降	−4.28	2.32	√	显著

注　取置信度 $\alpha = 0.05$。

根据对宜昌水文站1956—2013年58年来的月均水温数据进行线性倾向估计法分析得出，5—7月的月均水温均呈下降趋势，下降倾向值分别为0.0202℃/a、0.0053℃/a和0.0011℃/a，采用 M-K 法对5—7月进行分析可知，这3个月的水温序列的统计检验值 Z 分别为−0.85、−0.32、0.01，均呈下降趋势，其检验结果与线性倾向估计法的检验结果一致。且3个月的检验绝对值 $|Z|$ 均小于1.96，未超过95％的置信度水平，说明这3个月的月平均水温序列下降趋势不显著。

根据对宜昌水文站1950—2013年64年来的月均含沙量数据进行线性倾向估计法分析得出，5月、6月、7月的月均含沙量均呈下降趋势，下降倾向值分别为0.015kg/(m³·a)、0.0155kg/(m³·a) 和0.0251kg/(m³·a)，采用 M-K 法对5—7月进行分析可知，该3个月的含沙量序列的统计检验值 Z 分别为−6.95、−3.82、−4.28，均呈下降趋势，其检验结果与线性倾向估计法的检验结果一致。且3个月的检验绝对值 $|Z|$ 均小于1.96，未超过95％的置信度水平，说明该3个月的月平均含沙量序列下降趋势不显著。

为了研究2003年三峡水库蓄水后对"四大家鱼"产卵繁殖的产生的影响，本文分析了三峡水库建坝前后宜昌水文站5月、6月、7月的水文要素的变化情况，见表5-20。其中三峡水库蓄水前流量、水温、含沙量数据分别采用1882—2002年、1956—2002年、1950—2002年数据，三峡水库蓄水后数据采用2003—2013年的长系列数据。

表5-20　　　　　三峡水库蓄水前后宜昌站5月、6月、7月生态水文要素对比表

月份	状态	流量/(m³/s)	水温/℃	含沙量/(kg/m³)
5	蓄水前	11808	21.2	0.619
	蓄水后	11765.17	19.71806	0.015
	变化值	−43	−1.5	−0.604
	变化程度	−0.36％	−7.18％	−97.58％

续表

月份	状态	流量/(m³/s)	水温/℃	含沙量/(kg/m³)
6	蓄水前	18632	23.5	1.085
	蓄水后	16674.63	22.95167	0.033
	变化值	−1957	−0.5	−1.052
	变化程度	−10.51%	−2.23%	−96.96%
7	蓄水前	30084	24.9	1.882
	蓄水后	27319.69	25.1	0.217
	变化值	−2764	0.2	−1.665
	变化程度	−9.19%	0.90%	−88.47%

由表 5-20 可见，三峡水库蓄水后其生态水文要素均发生了一定的程度的下降，其中 5 月、6 月和 7 月的多年平均流量比建坝前分别下降了 43m³/s、1957m³/s 和 2764m³/s，相对建坝前分别下降了 0.36%、10.51% 和 9.19%，该 3 个月的多年平均水温下降较小，该 3 个月的含沙量下降较为明显，分别减少了 0.604kg/m³、1.052kg/m³ 和 1.665kg/m³，减少量分别为三峡水库蓄水前多年平均含沙量的 97.58%、96.96% 和 88.47%。由此可见，水温并没有对"四大家鱼"的产卵繁殖产生较大的影响，流量的下降可能会在一定程度上影响了"四大家鱼"的产卵，但三峡水库蓄水将会大量得拦截泥沙，泥沙的减少可能会改变"四大家鱼"产卵场的河床结构，进而影响了"四大家鱼"的产卵繁殖。

5.5.3.2　三峡水库蓄水后"四大家鱼"产卵繁殖情况分析

三峡水库建成蓄水后，"四大家鱼"的产卵情况发生了巨大的改变，为了分析在"四大家鱼"产卵繁殖期间内三峡干流的生态水文要素的变化对"四大家鱼"产卵繁殖产生的影响，本小节从"四大家鱼"的产卵繁殖时间、产卵组成类型分析以及产卵规模方面进行了分析。

（1）"四大家鱼"产卵场数量变化情况分析。长江中下游"四大家鱼"产卵场数量和里程变化趋势如图 5-25 和图 5-26 所示，20 世纪 70 年代至今以来，三峡大坝下游"四

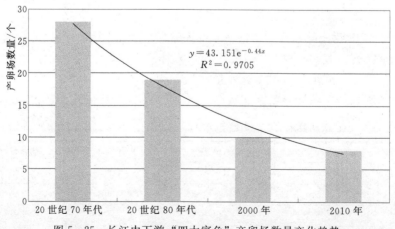

$$y = 43.151e^{-0.44x}$$
$$R^2 = 0.9705$$

图 5-25　长江中下游"四大家鱼"产卵场数量变化趋势

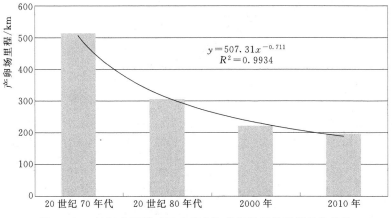

$$y = 507.31x^{-0.711}$$
$$R^2 = 0.9934$$

图 5-26 长江中下游"四大家鱼"产卵场延伸里程变化趋势

大家鱼"产卵场数量及延伸里程发生了明显变化,产卵场数量由 20 世纪 70 年代的 28 处减少到 8 处,产卵场里程由过去的 515km 缩减到目前 197km。产卵场数量的变化与人类活动如修建大坝、河道整治、裁弯取直等影响有直接关系,尤其是 2003 年以后三峡大坝蓄水后,三峡大坝下游河道地形底质发生了明显改变,适合"四大家鱼"产卵的条件慢慢消失。

(2)三峡水库蓄水前后"四大家鱼"的产卵时间变化分析。根据对"四大家鱼"的产卵繁殖情况分析得出,"四大家鱼"的产卵期主要在每年的 4 月下旬至 7 月下旬,产卵繁殖较密集得集中在 5—6 月。"四大家鱼"的产卵繁殖与水温有着密切相关的关系,宜昌水文站 4 月下旬至 7 月下旬的水温主要在 14～30℃,天然情况下,"四大家鱼"在 18℃的时候开始产卵,20～24℃的时候产卵繁殖最为频繁,但当水温小于 18℃的时候产卵活动将会终止。

表 5-21 为三峡水库蓄水前后"四大家鱼"产卵繁殖期内日平均水温首次达到 18℃和日平均水温稳定在 18℃的日期。可以看出,在"四大家鱼"产卵繁殖期间内,三峡水库蓄水活动对水温的影响并无较大变化,且对"四大家鱼"的产卵繁殖活动也并无明显影响。由分析可知,三峡水库蓄水后,每年 4—5 月的水温要比三峡水库蓄水前的天然状态低 2℃左右,2004—2008 年"四大家鱼"的产卵繁殖期间,日平均水温稳定在 18℃的日期分别为 4.25、4.26、4.30、5.5、4.30,平均比三峡水库蓄水前日平均气温稳定下来的时间要推迟了 10d 左右,2009—2013 年的日平均水温稳定在 18℃的日期分别为 5.10、5.23、5.23、5.9、5.12,平均比三峡开始蓄水后的日平均气温稳定下来的时间又推迟了10d 左右。由此可见,三峡水库蓄水活动导致了"四大家鱼"产卵繁殖活动时间的推迟,对其产卵活动产生了一定的影响。

表 5-21　　　　　　　　　　　　"四大家鱼"产卵最低水温日期

年份	宜昌江段	
	日均水温首次达到 18℃日期	日均水温稳定在 18℃日期
1977	4.20	5.6

续表

年份	宜昌江段	
	日均水温首次达到 18℃日期	日均水温稳定在 18℃日期
1978	4.13	4.13
1979	4.17	4.17
1980	4.16	4.18
1981	4.12	4.12
1982	4.26	4.26
1983	4.18	4.23
1984	4.17	4.17
2001	4.3	4.18
2002	4.3	4.11
2003	4.13	4.13
2004	4.21	4.25
2005	4.26	4.26
2006	4.30	4.30
2007	5.5	5.5
2008	4.30	4.30
2009	5.8	5.10
2010	5.23	5.23
2011	5.23	5.23
2012	5.9	5.9
2013	5.12	5.12

（3）三峡水库蓄水前后"四大家鱼"产卵规模分析。三峡水库蓄水前后监利断面"四大家鱼"鱼苗径流量里面监测结果如图 5-27 所示。三峡水库蓄水前监利断面的鱼苗主要来自葛洲坝以上的"四大家鱼"产卵场，由图 5-27 可以看出，监利断面产卵场的"四大家鱼"产卵规模呈明显下降趋势，在 1986 年达到产卵量高峰，鱼苗径流量大约为 72.0 亿尾，根据长江三峡工程生态与环境监测公报，三峡水库蓄水对"四大家鱼"的产卵繁殖造成了很大的不利影响，云阳江段、坝下监利江段、武穴江段的鱼苗径流量均有不同程度的降低，三峡水库蓄水后监利断面鱼苗主要来自于石首、宜都、宜昌等产卵场，2003—2012年鱼苗径流量出现显著下降趋势，并在 2009 年达到径流量最低的 0.42 亿尾，并且监利断面在 2005 年首次没有形成苗汛，且 2003—2012 年中均没有监测到明显的苗汛过程。根据调查分析，"四大家鱼"的产卵规模与河流的涨水过程有直接关系，由于三峡水库的调蓄作用，5—7 月的河流涨幅变小，可能会抑制到亲鱼的产卵繁殖活动。

（4）三峡水库蓄水前后四大家鱼产卵组成分析。根据历年"四大家鱼"监测资料，1997 年监利江段采集鱼苗样品共 35381 尾，其中"四大家鱼"鱼苗占样品总数的 9.77%，

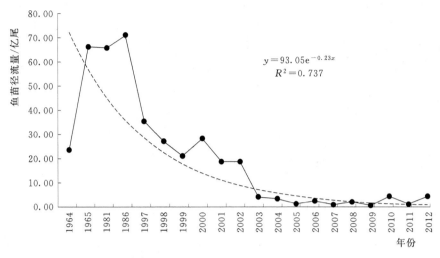

$$y = 93.05e^{-0.23x}$$
$$R^2 = 0.737$$

图 5-27 监利断面"四大家鱼"苗径流量历年监测结果

为 3455 尾，1998 年监利江段采集鱼苗样品共 43224 尾，其中"四大家鱼"鱼苗占样品总数的 8.59%，为 3715 尾，1999 年监利江段采集鱼苗样品共 25351 尾，其中"四大家鱼"鱼苗占样品总数的 7.91%，为 2005 尾，由此可见"四大家鱼"在长江监利江段鱼类的比例是明显下降的。表 5-22 为监利江段四大鱼苗监测数据。

表 5-22　　　　三峡水库蓄水前后监利江段"四大家鱼"鱼苗成色比较

年份	"四大家鱼"鱼苗成色/%			
	青鱼	草鱼	鲢鱼	鳙鱼
1964	35.5	43	13.5	8.0
1965	28.7	33	31	7.3
1981	42.8	47	2.6	6.7
1986	29.8	61.4	2.5	6.3
1997	21.44	67.52	2.64	8.4
1998	23.96	67.67	1.27	7.1
1999	12.31	85.26	0.26	2.17
2005	4.25	24.52	66.11	5.12
2006	60~85		59.90	
2007		39.4	60.20	0.30
2008	0.60	45.70	53.60	0.10
2009	0.10	17.30	80.50	2.10
2010	0.05	27.80	72.10	0.05
2011	0.50	36.30	62.70	0.50
2012	2.95	18.70	75.40	2.95

根据历年长江三峡工程生态与环境监测公报资料，三峡水库蓄水前后监利段"四大家鱼"中青鱼、草鱼、鲢鱼、鳙鱼各占比例见表 5 - 22，三峡水库蓄水前监利段"四大家鱼"中青鱼和草鱼占主要比例，鲢鱼和鳙鱼相对来说所占比例比较小。三峡水库蓄水后，"四大家鱼"中各类所占比例发生了很大改变，青鱼和草鱼的比例发生了明显变化，呈显著下降趋势，鲢鱼成为"四大家鱼"中占最高比例的鱼类，在 2009 年达到 80％，且在 2006 年时竟没有监测到草鱼鱼苗，在 2007 年也未检测到青鱼鱼苗。说明三峡水库蓄水后，由于水文情势的变化，对"四大家鱼"的种类组成产生了很大的影响。

第6章　长江干流河道内环境流量综合评估

6.1　河道内环境流量评估方法

6.1.1　逐月频率法

河流的水文变化过程具有随机性，并在一定范围内周期变化的，使得生态系统具有自我调节和自我修复的功能，从而满足水生生物生存生活多样性，而河流生物在不同生长生活周期所必需的水文条件随着水文要素的变化而改变，最终可能导致整个生态系统的破坏。长江上游宜宾至重庆干流段分布有166种鱼类，其中48种珍稀、特有鱼类，具有重要的保护价值和研究意义，这些鱼类要保证完成其产卵、索饵、休息、越冬等生活史并完好的生存下来，大多需要不同的水流条件的刺激，因此保证这一目的所提供的流量过程，即所求的河道内环境基流。

逐月频率法是以长历史系列数据为基础，采用一定年均或日均流量的百分数形式计算出最小、最大及适宜环境流量，用以表示河流维持生态系统在不同功能下的适宜环境流量。环境流量不是一个固定值，而是在一定范围内变化，一般可分为最小环境流量、最大环境流量和适宜环境流量。最小环境流量是满足河流生态系统健康和稳定所允许的最小流量过程，其意义是要保证在不引起生态系统退化下水生生物可自行恢复的最低要求；最大环境流量是满足河流生态系统健康和稳定所允许的最大流量过程，其意义在于使河流径流维持一定的天然的季节性变化，不至于受到水库调度影响而趋于平坦化；适宜环境流量是维持物种多样性及生态系统健康和稳定的最适宜的流量过程，其意义主要区别于最小和最大生态径流的极限过程，而是一种更加适宜的随机变化的径流过程。

本书采用逐月频率法，进行年际和年内水文分期，以各月多年月最大值作为最大环境流量、各月多年月最小值作为最小环境流量、各月多年月平均值即频率50%作为适宜环境流量，为了分析结果的合理性，与 Tennant 法的评价范围作为对比分析。

Tennant 法是一种非现场测定类型的标准设定法，是 Tennant 在分析了美国11条河流的断面数据后发现河宽、流速和水深在流量小于年平均流量的10%时增加幅度较大，当流量大于年平均流量的10%时，对应水力参数的增长幅度下降。提出以年平均流量的10%作为水生生物生长最低标准下限，年平均流量的30%作为水生生物的满意流量。该法是不需要现场测定数据类型的经验设定法，河道推荐流量以预先确定的年均流量百分比为基准，不仅适用于有水文站点的季节性河流，而且适用于没有水文站点的河流，可通过水文技术来获得平均流量。划分的流量等级标准设定见表6-1。

与其他水文学方法相比，逐月频率法同时反映了环境流量在不同典型年的差异和年内分配的差异，不仅考虑了河流生态系统不同水文时期对水文条件的需求，也体现了河流径流过程的年内丰枯交替的变化特征，该方法计算的环境流量可以为其他河道内环境流量研究作初步参考。

表 6 - 1　　　　　　　　　　　　河流流量等级标准设定 Tennant 法

流量级别	推荐的基流标准（平均流量百分比）	
	一般用水期（10月至次年3月）	鱼类产卵育幼期（4—9月）
最大	200	200
最佳范围	60～100	60～100
极好	40	60
非常好	30	50
好	20	40
一般或较差	10	30
差或最小	10	10
极差	<10	<10

6.1.2　IHA/RVA 法

　　IHA/RVA 法是在 IHA 法的基础上运用 RVA 进行评价不同时期综合水文变化特征，美国大自然保护协会认为环境流量是维持河流生态系统健康和生态环境稳定所必需的流量大小及其过程，并根据 IHA/RVA 法开发了 IHA 软件，已广泛被应用于水文特征变化评估、生态需水及环境流量计算等。IHA/RVA 法共包括 67 个统计指标，分为 33 个 IHA 生态水文指标和 34 个 EPC 环境流量指标两组，其中 IHA 生态水文指标用于评价天然水文情势特征或比较水文情势影响程度，EPC 环境流量组成指标用于计算河道内环境流量，第 3 章讨论分析了河流天然水流情势特征，本章主要探讨河道内环境流量。IHA/RVA 法基于天然水流情势和生态需求将环境流量组成分为 5 组指标表示 5 种流量事件，包括月枯水流量、极端枯水流量、枯水流量、高流量脉冲、小洪水和大洪水事件，反映了河流水流情势在日间、季节间以及年际间等不同时期的变化，其具体指标及生态学意义见表 6-2。

表 6 - 2　　　　　　　　　　　　环境流量组成指标及其生态涵义

环境流量组成类型	水文参数	生态效应
1. 月枯水流量	月枯水流量均值或中值	（1）给水生生物提供充足的栖息场所； （2）维持适宜的水温、溶解养和化学条件； （3）维持洪泛区地下水水位以及土壤湿度； （4）提供给陆生动物饮用水； （5）维持鱼类和两栖类生物繁殖的卵漂浮； （6）能使鱼类游向肥育区和产卵区； （7）支撑潜流带生物（生活在饱和沉积物中）
2. 极端枯水流量	水平年中极端枯水流量出现频率	能够使得某种洪泛区植物得到补充
	极端最小流量事件的均值或中值包括：历时（天数）、极小值、出现时间	（1）消除水生和岸边生物群落的外来物种入侵； （2）使得动物能够集中捕食

环境流量组成类型	水文参数	生态效应
3. 高流量脉冲	水平年中高流量脉冲出现的频率	塑造河道物理特征，包括浅滩和深潭
	高流量脉冲事件的均值或中值包括： 历时（d） 极大值流量 出现时间 上涨率 下降率	（1）决定了河床底质的颗粒大小（沙子，砾石和卵石）； （2）防止河岸植被入侵河道； （3）长期的枯水期之后，冲刷污染物，恢复正常的水质条件； （4）防止卵沉积，使卵布满产卵沙砾层； （5）维持河口区适宜盐含量
4. 小洪水	水平年中小洪水事件出现的频率	提供给鱼类洄游和产卵信号
	小洪水事件均值或中值，包括： 历时（d） 极大值流量 出现时间 上涨率 下降率	（1）触发昆虫等生命循环的新阶段； （2）能够使鱼类到洪泛区产卵，并提供给幼鱼肥育场所； （3）提供新的食物场所给鱼类和鸟类； （4）补充洪泛区水位； （5）维持洪泛区植物类型的多样性（不同物种具有不同的耐性）； （6）控制洪泛区植物的分布与丰富度； （7）营养物质沉积在洪泛区
5. 大洪水	水平年中大洪水事件出现的频率	维持水生和河岸群落物种平衡
	大洪水事件均值或中值，包括： 历时（d） 极大值流量 出现时间 上涨率 下降率	（1）为入侵植物补充提供场所； （2）塑造洪泛区物理生境； （3）为产卵区提供砾石和卵石； （4）冲刷营养物质和碎木屑到河道； （5）清除水生和岸边群落的外来物种； （6）提供给河岸植物种子和果实； （7）促使河道横向运动，形成新的栖息地（第二河道，U形湖泊）； （8）提供植物秧苗具有长期的土壤含水度

IHA/RVA 指标计算河道内环境流量主要是以日流量过程为基础资料，采用参数或非参数方法分别对单个水文时期或两个水文时期（用于评价水文改变程度或水利工程干扰程度）统计计算水文特征指标值和环境流量组成指标值及其统计参数，包括平均值、标准差、中值（日流量序列按由小到大排序后频率为 50% 值或第 50 百分位数值）、离散系数（日流量序列按由小到大排序后第 75 百分位数与第 25 百分位数的差值对第 50 百分位数的比值）、偏差系数（影响前后两个阶段的统计参数的变化程度）等。当计算一个时间序列的两个不同阶段时，RVA 方法被用来进行分析影响前后两个阶段的 IHA 指标。一般情况下，分析阶段（单一阶段或者影响前后两个阶段）的时间长度越大越好，Olden 等和 Huh 等认为采用的日流量序列长度一般应大于 20 年，35 年及以上为最好，具体选用资料长度需根据气候资料、特殊参数变化度和频率以及研究目标能否反映河流年际变化特征等。

IHA/RVA 法计算河道内环境流量首先要在高、低流量过程的基础上定义 5 类流量事件：①高流量过程：分析阶段日流量过程中流量高于频率 75% 或者流量处于频率 50% 和 75% 之间，且日流量开始时增加率大于频率 25%、结束时下降率小于 10% 的流量过程；②低流量过程：分析阶段日流量小于频率 50% 的流量过程；③小洪水：洪峰流量的重现期在 2～10 年之间的高流量过程；④大洪水：洪峰流量的重现期大于为 10 年的高流量过程；⑤极端小环境流量：首先分析阶段日流量过程中流量小于频率为 10% 的低流量过程。其次根据天然水流情势设定 RVA 阈值或 RVA 目标，一般情况下以生物生态需求方面受影响的数据资料，或以各个指标的中值或 50% 频率上下浮动 25%，即 25% 和 75%，或以各个指标的平均值±标准差作为各个 RVA 阈值的上下限。

6.2　长江上游河段河道内环境流量分析

长江上游宜宾至重庆段是整个长江经济带上一个尚未进行综合开发的区域，上接金沙江 4 级梯级开发，即乌东德、白鹤滩、溪洛渡和向家坝 4 座水电站，下接三峡、葛洲坝两座水电站，具有承上启下的战略地位。

研究河段为长江上游宜宾至重庆干流江段 416km，以研究河段干流上、下两个临界断面上的两个控制水文站屏山水文站和寸滩水文站 1956—2012 年 57 年的日流量序列为基础数据进行环境流量计算（资料来源于长江水利委员会水文局）。

6.2.1　逐月频率法计算河道内环境流量

6.2.1.1　典型水平年划分

河流生态系统的稳定和物种的生存条件繁衍规律在年际间和年内不同时期对河流流量的需求是不一样的，因此在环境流量的计算中，考虑将流量系列划分为不同的水平年即枯水年、平水年和丰水年来计算生态流量，更能体现水文过程的丰平枯变化特征和生物的需求，同时也便于开展水库调度操作。

首先在研究河段情况和历史资料分析的基础上，根据年均流量序列进行水平年划分，一般按照频率小于 25%、25%～75% 和大于 75% 划分为丰水年、平水年和枯水年。表 6-3 为屏山站和寸滩站水平年划分表。

表 6-3　　　　　　　　　控制水文断面水平年划分

水平年	频率	流量/(m³/s)	
		屏山站	寸滩站
丰水年	<25%	5065	11848
平水年	25%～75%	5065～3992	9991～11848
枯水年	>75%	3992	9992

表中统计结果表明，屏山站和寸滩站 1956—2012 年的 57 年中，其中丰水年份为 14 年，平水年份为 28 年，枯水年为 15 年。其中屏山站和寸滩站对应的典型水平年见表 6-4，典型水平年流量过程如图 6-1 和图 6-2 所示。

表 6 - 4		各控制水文站典型水平年	
水平年	频率	典型年	
		屏山站	寸滩站
丰水年	10%	1999 年	2005 年
平水年	50%	2009 年	1984 年
枯水年	90%	1967 年	1971 年

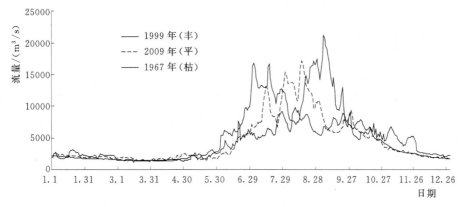

图 6-1 屏山水文站各典型年流量过程图

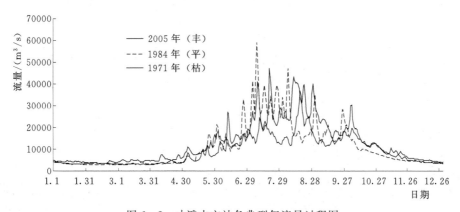

图 6-2 寸滩水文站各典型年流量过程图

6.2.1.2 年内水文分期

考虑研究河段生态水文特征以及生态水文季节性的特点，根据多年月均流量序列进行年内水文期划分，表 6-5 为屏山站和寸滩站多年月均流量统计结果，同样将年内流量过程按照频率小于 25%、25%～75% 之间和大于 75% 划分为丰水期、平水期和枯水期。表 6-6 为屏山站和寸滩站年内水文分期表。

表 6 - 5				屏山和寸滩水文站多年月均流量							单位：m³/s	
站名	1 月	2 月	3 月	4 月	5 月	6 月	7 月	8 月	9 月	10 月	11 月	12 月
屏山站	1705	1475	1394	1546	2257	4718	9270	9916	9755	6447	3396	2162
寸滩站	3518	3117	3314	4494	7525	13231	23917	22475	21250	13999	7492	4596

表 6 - 6   屏山和寸滩水文站年内分期   单位：m³/s

分期	频率	屏山站		寸滩站	
		流量	月份	流量	月份
丰水期	<25%	9270	8—9	21250	7—8
平水期	25%~75%	9270~1705	1、5—7、10—12	21250~4494	4—6、9—12
枯水期	>75%	1705	2—4	4494	1—3

6.2.1.3 计算结果

在典型水平年划分及年内水文分期的基础上，采用逐月频率法计算河道内环境流量。以各月多年月最大值作为推荐最大环境流量、各月多年月最小值作为推荐最小环境流量、各月多年月平均值即频率50%作为推荐适宜环境流量，屏山站和寸滩站推荐环境流量计算分析结果分别见表6-7和表6-8。由于研究河段尚处于规划阶段，未建有梯级，该河道内环境流量计算结果相当于天然水流情势，可为规划实施后的生态调度提供参考。根据河道内环境流量计算结果表，屏山站和寸滩站河道内环境流量过程分别如图6-3和图6-4所示。

表 6 - 7   屏山站河道内推荐环境流量   单位：m³/s

水平年	1月	2月	3月	4月	5月	6月	7月	8月	9月	10月	11月	12月	年均
最小环境流量													
丰水年	1493	1264	1204	1310	1602	2807	7996	8957	7757	5571	3448	2223	3803
平水年	1295	1165	1109	1153	1282	2666	5838	6578	6408	4607	2580	1824	3042
枯水年	1367	1219	1111	1266	1324	2621	5915	4357	4713	3725	2277	1678	2631
适宜环境流量													
丰水年	1789	1578	1447	1551	2317	5712	11349	13164	12807	7591	3969	2510	5482
平水年	1686	1451	1382	1535	2276	4435	9132	9712	9622	6638	3408	2154	4452
枯水年	1661	1426	1367	1561	2166	4318	7588	7265	7154	5024	2839	1853	3685
最大环境流量													
丰水年	2275	2123	1961	1968	3248	8098	16497	19448	16093	9462	5040	3007	7435
平水年	2300	1940	1872	2355	3127	7383	13439	13707	13744	10102	4663	2466	6425
枯水年	2188	1996	1839	2353	2593	5676	11306	9283	10623	6117	3416	2103	4958

表 6 - 8   寸滩站河道内推荐环境流量   单位：m³/s

水平年	1月	2月	3月	4月	5月	6月	7月	8月	9月	10月	11月	12月	年均
最小环境流量													
丰水年	3034	2609	2583	3087	4987	10812	23174	20442	19437	10994	5868	4100	9260
平水年	2923	2668	2492	3083	4003	9005	15628	16081	13295	10227	5444	3740	7382
枯水年	3016	2539	2420	2970	4555	6751	16365	8487	10069	8815	5227	3519	6228

续表

水平年	1月	2月	3月	4月	5月	6月	7月	8月	9月	10月	11月	12月	年均
适宜环境流量													
丰水年	3617	3167	3321	4781	7968	14152	29537	26984	26578	15596	7877	4815	12366
平水年	3444	3087	3303	4448	7579	13266	23339	22602	21200	14384	7604	4660	10743
枯水年	3564	3127	3328	4313	7011	12308	19749	18028	16372	11790	6922	4272	9232
最大环境流量													
丰水年	4257	3793	4609	6533	10059	16681	37565	40832	34840	20900	9843	5308	16268
平水年	4180	3782	4415	7734	12271	21091	32432	31490	30367	20226	11377	5261	15386
枯水年	4787	3981	4761	6753	9843	17078	24984	25703	26390	16235	8354	4964	12820

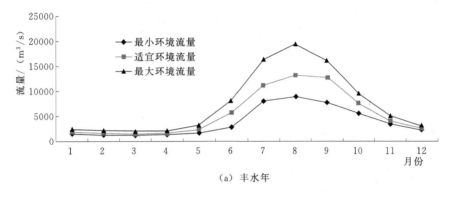

(a) 丰水年

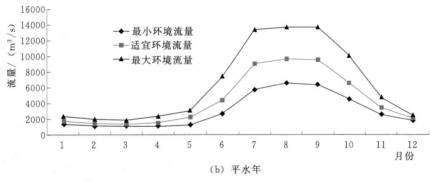

(b) 平水年

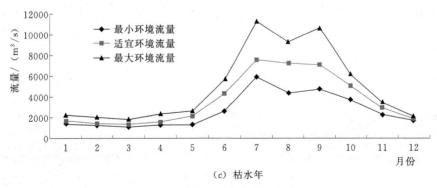

(c) 枯水年

图 6-3 屏山站各水平年推荐环境流量过程

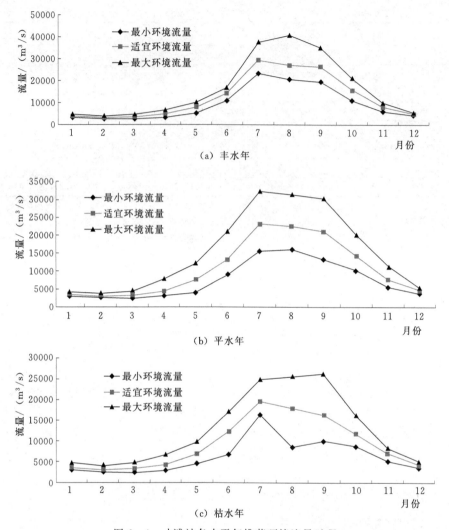

图 6-4 寸滩站各水平年推荐环境流量过程

　　根据屏山站环境流量计算结果，运用 Tennant 法评价范围分析结果的合理性，屏山站枯水期（2—4 月）丰水年、平水年、枯水年 3 个不同水平年的最小环境流量占多年月平均流量的 70%～90%，适宜环境流量占多年月平均流量的 95%～110%，最大环境流量占多年月平均流量的 120%～160%，可见枯水期推荐环境流量能够达到最佳生态条件或最大生态条件；平水期（1 月、5—7 月和 10—12 月）丰水年、平水年、枯水年 3 个不同水平年最小环境流量占多年月平均流量的 50%～110%，适宜环境流量占多年平均流量的 80%～130%，最大环境流量占 90%～180%，可见平水期推荐环境流量达到极好生态条件或最佳生态条件、最大生态条件；丰水期（8—9 月）丰水年、平水年、枯水年 3 个不同水平年最小环境流量占多年平均流量的 40%～100%，适宜环境流量占多年平均流量的 70%～140%，最大环境流量占 90%～200%，可见丰水期推荐环境流量达到极好生态条件或最佳生态条件、最大生态条件。由此可见本文求出的屏山站环境流量是合理的，能够满足河流洪泛区及其湿地的生态需要，为鱼类洄游繁殖以及鸟类提供栖息地场所，同时也有利于植物的生长。

对于寸滩站，结果分析方法与屏山站类似，可知其推荐环境流量过程满足整个河流生态需求，可作为长江上游游河流生态系统的推荐环境流量，对于保护长江上游河道、湿地以及河口生态系统健康具有重要意义。

6.2.2 IHA/RVA 法计算河道内环境流量

IHA/RVA 法是在 IHA 法的基础上运用 RVA 进行评价不同时期综合水文变化特征，美国大自然保护协会认为环境流量是维持河流生态系统健康和生态环境稳定所必需的流量大小及其过程，并根据 IHA/RVA 法开发了 IHA 软件，已广泛被应用于水文特征变化评估、生态需水及环境流量计算等。IHA/RVA 法用于统计计算环境流量组成指标共 34 个。

IHA/RVA 法用于环境流量计算采用天然水流情势的日流量资料，本节运用 IHA 软件，采用 1956—2012 年长江上游宜宾至重庆干流段未梯级开发前的屏山站和寸滩站 57 年的日流量序列作为天然状况，序列资料长度明显大于 20 年，符合软件和方法需求，采用非参数方法分别对单个水文时期 1956—2012 年统计计算其环境流量组成指标值，以及其统计参数，包括中值和离散系数。由于缺乏生物生态需求方面受影响的数据资料，本节以各个指标的第 75 百分位数与第 25 百分位数作为各个 RVA 阈值的上下限。屏山水文站和寸滩水文站的环境流量组成计算结果见表 6-9 和表 6-10。

表 6-9 屏山站河道内环境流量组成指标统计表

流量事件	环境流量指标	单位	中值	离散系数	RVA 目标	
					下限	上限
月枯水流量	1 月	m³/s	1670	0.2156	1500	1860
	2 月	m³/s	1470	0.1743	1390	1646
	3 月	m³/s	1430	0.1591	1390	1618
	4 月	m³/s	1515	0.1559	1425	1661
	5 月	m³/s	2120	0.1922	1888	2295
	6 月	m³/s	3620	0.4075	2813	4288
	7 月	m³/s	5525	0.1701	4978	5918
	8 月	m³/s	5880	0.1684	5190	6180
	9 月	m³/s	5910	0.0931	5550	6100
	10 月	m³/s	5508	0.1530	4963	5805
	11 月	m³/s	3260	0.3006	2515	3495
	12 月	m³/s	2120	0.2005	1910	2335
极端最小流量	极小值流量	m³/s	1270	0.0591	1215	1290
	历时	d	12	2.1250	4.5	30
	出现时间	d	85	0.0492	75	93
	频率	次	2	1.2500	0.5	3

续表

流量事件	环境流量指标	单位	中值	离散系数	RVA 目标	
					下限	上限
高流量脉冲	极大值流量	m³/s	9235	0.5314	7843	12750
	历时	d	33	1.2650	11.38	53.13
	出现时间	d	224	0.1291	199	246.3
	频率	次	2	1.0000	1	3
	上涨率	m³/(s·d)	380.3	0.9753	243.4	614.3
	下降率	m³/(s·d)	−341.1	−0.7765	−496.4	−231.5
小洪水	极大值流量	m³/s	18300	0.2022	17250	20950
	历时	d	70	0.6857	63	111
	出现时间	d	230	0.1038	211.5	249.5
	频率	次	0	0.0000	0	1
	上涨率	m³/(s·d)	385.6	0.8534	279.4	608.5
	下降率	m³/(s·d)	−329.3	−1.0020	−562.2	−232.2
大洪水	极大值流量	m³/s	23500	0.1872	22650	27050
	历时	d	129	0.3876	88	138
	出现时间	d	226	0.0628	223	246
	频率	次	0	0.0000	0	0
	上涨率	m³/(s·d)	296.8	0.3203	252.2	347.3
	下降率	m³/(s·d)	−403.1	−0.7243	−539.3	−247.3

表 6-10　　　　　　　　　　　寸滩站河道内环境流量组成指标统计表

流量事件	环境流量指标	单位	中值	离散系数	RVA 目标	
					下限	上限
月枯水流量	1 月	m³/s	3540	0.1179	3323	3740
	2 月	m³/s	3230	0.0944	3133	3438
	3 月	m³/s	3365	0.1605	3199	3739
	4 月	m³/s	4125	0.2612	3710	4788
	5 月	m³/s	6460	0.2779	5655	7450
	6 月	m³/s	10010	0.2615	8224	10840
	7 月	m³/s	13550	0.0996	13000	14350
	8 月	m³/s	13450	0.1738	12350	14690
	9 月	m³/s	13780	0.1733	12310	14700
	10 月	m³/s	11750	0.1957	10800	13100
	11 月	m³/s	6960	0.1771	6158	7390
	12 月	m³/s	4510	0.1375	4245	4865

续表

流量事件	环境流量指标	单位	中值	离散系数	RVA目标	
					下限	上限
极端最小流量	极小值流量	m³/s	2870	0.0649	2753	2939
	历时	d	7	1.8040	4.125	16.75
	出现时间	d	61.25	0.0789	47.13	76
	频率	次	2	1.2500	1	3.5
高流量脉冲	极大值流量	m³/s	18450	0.3320	16780	22900
	历时	d	6	0.8333	5	10
	出现时间	d	184	0.1134	166	207.5
	频率	次	6	0.6667	4	8
	上涨率	m³/(s·d)	2283	0.3384	1930	2703
	下降率	m³/(s·d)	−1350	−0.3227	−1572	−1136
小洪水	极大值流量	m³/s	53100	0.1186	49800	56100
	历时	d	54	0.7963	40	83
	出现时间	d	219	0.1148	199	241
	频率	次	0	0.0000	0	1
	上涨率	m³/(s·d)	1720	1.3460	1034	3350
	下降率	m³/(s·d)	−1105	−0.8895	−1812	−828.6
大洪水	极大值流量	m³/s	63200	0.1851	62200	73900
	历时	d	46	1.5110	45.5	115
	出现时间	d	201	0.0328	192.5	204.5
	频率	次	0	0.0000	0	0
	上涨率	m³/(s·d)	2072	0.4279	1924	2810
	下降率	m³/(s·d)	−2233	−0.9907	−2727	−514.4

IHA/RVA法环境流量计算基于近天然的水流情势，长江上游宜宾至重庆干流段目前尚未开发，可以作为近天然水流情势，34个环境流量组成指标基于天然水流情势的5种流量模式概括了天然水流过程可能存在的基本流量模式的基本特征，其生态意义包含了对鱼类生境条件的需求，为降低梯级开发对鱼类的影响、基于鱼类保护目标设立水库运行调度方式以及提出鱼类保护措施提供参考。

6.3 长江中下游下游河道内环境流量

生态水文学方法在计算河道内环境流量中方法最多，本文采用较为先进的逐月频率法和IHA-RVA法分别计算了三峡梯级水库下游河道内环境流量。

6.3.1 研究河段概述

研究河段为三峡葛洲坝梯级水库下游河段，也是长江中下游河段，始自宜昌，经湖北、湖南、江西、安徽、江苏、上海等6省（直辖市），入东海，全长1893km，其中宜昌—湖口段为中游，航道长955km，集水面积约68万km²；湖口以下为下游，航道长938km，集水面积约12万km²，长江中下游河道地形如图6-5所示。

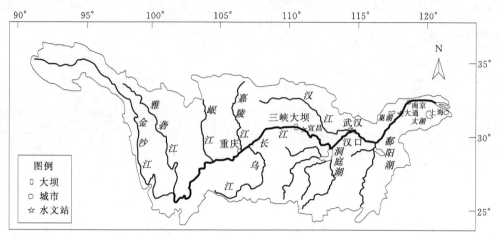

图6-5 研究河段概况图

宜昌、汉口及大通水文站是三峡葛洲坝水库下游河道上最主要的3个控制站。宜昌位于长江上游与中游的交界，完整地控制了长江上游100.6万km²的广大地区，约一半的河流水量和大部分的泥沙来源于该站以上区域。宜昌站多年平均流量为14163m³/s，径流相对比较稳定。宜昌站的年际变化主要表现在较丰水年和较枯水年的周期变化。汉口站位于长江与其第一大支流汉江的交汇处以下1.15km，是长江中游的主要控制站，控制流域面积为148.8万km²。汉口站多年平均流量为22669m³/s，由于受洞庭湖和汉水来水影响，C_v值略有增，C_v为0.12。长江干流汉口站的年径流量变化既受到上游来水的影响，同时又受中下游降雨汇流的影响，因此汉口站与宜昌站年径流量的变化是有差异的。大通站位于长江河口潮区界附近，其控制流域面积170.548万km²，占长江流域面积的94.7%。大通距长江入海口约620km，是长江入海水沙的参考站。大通站多年平均流量为28577m³/s，C_v值为0.15，实测最大年径流量与最小年径流量的比值为2.01，径流比较稳定。

6.3.2 典型水平年划分

河道内环境流量研究通常选择天然情况下的水文序列作为基本计算流量序列，根据分析，葛洲坝水库对长江中下游河流水文情势影响较小，此外葛洲坝水库已经修建20多年，大坝下游生态系统已经逐渐适应了当前的水流情势，同时所计算的河流环境流量是为三峡水库修建后开展生态调度提供参考依据的，因此，采用三峡水库蓄水即2003年以前的水文资料来计算三峡梯级水库下游河道内环境流量，其中宜昌站水文时间序列选用1882—2002年（共121年），汉口站和大通水文站分别选用1950—2002年（共53年）。

河流生态系统的稳定和物种的生存条件繁衍规律在年际间和年内不同时期对河流流量的需求是不一样的，因此在环境流量的计算中，考虑将流量系列划分为不同的水平年即枯水年、平水年和丰水年来计算生态流量，更能体现水文过程的丰平枯变化特征和生物的需求，同时也便于开展水库调度操作。

首先将多年平均流量过程划分为枯水年、平水年和丰水年，水平年的划分以多年平均流量系列为基础，在对应频率75%以上的年份定义为枯水年，频率25%～75%之间的年份定义为平水年，频率25%以下的年份定义为丰水年。表6-11为宜昌、汉口和大通水文站水平年划分。

表6-11   控制水文断面水平年划分

水平年	频率	相应流量/(m³/s)		
		宜昌站	汉口站	大通站
丰水年	<25%	15187	23900	30897
平水年	25%～75%	15187～13237	23900～20800	30897～26300
枯水年	>75%	13237	20800	26300

根据统计结果可知，宜昌水文站1882—2002年的121年中，其中枯水年份为30年，平水年份为61年，丰水年份为30年；汉口站1952—2002年51年中，其中枯水年份为12年，平水年份为27年，丰水年份为12年；大通水文站1950—2002年53年中，枯水年份为13年，平水年份为27年，丰水年份为13年。其中各控制水文站对应典型水平年见表6-12，典型水平年流量过程如图6-6～图6-8所示。

表6-12   各控制水文站典型水平年

水平年	频率	对应的典型年份		
		宜昌站	汉口站	大通站
丰水年	10%	1907	1952	1952
平水年	50%	1990	1977	1967
枯水年	90%	1978	1960	1979

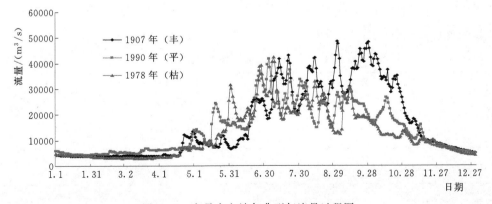

图6-6   宜昌水文站各典型年流量过程图

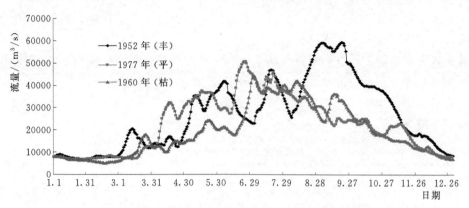

图 6-7 汉口水文站各典型年流量过程图

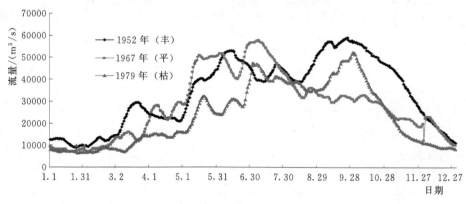

图 6-8 大通水文站各典型年流量过程图

6.3.3 生态水文分期

根据长江中下游河流生态水文特征,将年内流量过程划分为枯水期、平水期和丰水期,此类划分以多年月平均流量系列为基础,其中表 6-13 为宜昌、汉口和大通水文站多年月均流量统计结果表。根据各站多年月均流量,取频率 75% 以上的月份定义为枯水期,频率 25%~75% 之间的月份定义为平水期,频率 25% 以下的月份定义为丰水期。表 6-14 为宜昌、汉口和大通水文站年内分期表。

表 6-13　　　　　　　宜昌、汉口和大通水文站多年月均流量　　　　　单位:m³/s

站名	1 月	2 月	3 月	4 月	5 月	6 月	7 月	8 月	9 月	10 月	11 月	12 月
宜昌	4361	3977	4498	6750	11542	18497	30541	27621	25636	18474	10105	5941
汉口	8241	8536	11079	16603	24990	30467	43178	37704	34625	27188	17751	10866
大通	10982	11717	15956	24123	33851	40305	50529	44296	40144	33415	23310	14293

表 6-14　　　　　　　　　宜昌、汉口和大通水文站年内分期

分期	频率	宜昌		汉口		大通	
		流量/(m³/s)	月份	流量/(m³/s)	月份	流量/(m³/s)	月份
丰水期	<25%	23780	7—9	33586	7—9	40265	6—8

续表

分期	频率	宜昌		汉口		大通	
		流量/(m³/s)	月份	流量/(m³/s)	月份	流量/(m³/s)	月份
平水期	25%~75%	23780~4873	4—6 10—12	33586~10919	3—6 10—11	40265~14709	3—5 9—11
枯水期	>75%	4873	1—3	10919	12—2	14709	12—2

根据分期结果，基本满足长江中下游水生生物繁殖规律，其中枯水期为水生生物蛰伏期，该时期水流通常较少，维持水体生物生存；平水期通常为水生生物产卵繁殖期，该期具体又可分为涨水期和落水期，长江中下游重要经济鱼类"四大家鱼"产卵繁殖期间为4—7月，产卵高峰期为5—6月，中华鲟产卵繁殖季节为10—11月；丰水期为水生生物生长期，该期能够维持水体连通性，具有造床、输沙功能。

6.3.4 三峡大坝下游河道内环境流量研究

本研究分别采用生态水文学方法中逐月频率法和RVA法确定三峡梯级水库下游宜昌、汉口和大通河段环境流量，其中采用逐月频率法，可以计算最小、适宜和最大环境流量，而采用RVA法计算了三峡水库蓄水前的极端枯水流量、枯水流量、高流量脉冲、小洪水和大洪水5种流量模式，该流量模式反映了三峡水库蓄水前的天然水流情势，鉴于葛洲坝水库对水流情势影响较少，所以分析序列长度采用三峡水库蓄水前的长序列资料。下面是两种生态水文学方法的计算分析结果。

6.3.4.1 逐月频率法确定河道内环境流量

在水平年划分和水文分期的基础上，针对三峡梯级水库下游宜昌、汉口和大通研究河段，采用逐月频率法计算河道内环境流量。本文取逐月频率 $P=90\%$ 为推荐最小环境流量；$P=25\%~75\%$ 为推荐适宜环境流量；频率 $P-90\%$ 为推荐最大环境流量，其中宜昌站、汉口站和大通站推荐环境流量计算结果分别见表6-15～表6-17。该推荐河道内环境流量基于近"天然水流情势"理论，可为三峡梯级水库开展生态调度研究，以维护长江中下游河流生态系统健康可持续发展提供参考依据。

表 6-15　　　　　　　宜昌站河道内推荐环境流量　　　　　　单位：m³/s

水平年		1月	2月	3月	4月	5月	6月	7月	8月	9月	10月	11月	12月	年均
最小环境流量														
枯水年		3627	3184	3240	4760	8220	12191	20200	17566	13643	11676	7235	4882	9202
平水年		3804	3427	3430	4844	8270	13400	23497	21700	19500	15384	8423	5254	10911
丰水年		3905	3474	3590	5508	9480	16147	27300	23800	23400	15000	8999	5673	12190
适宜环境流量														
枯水年	下限	3841	3410	3811	5508	9391	13800	22200	19845	17800	13731	8227	5050	10551
	上限	4616	4100	4600	7220	12600	19200	31000	29797	25870	18494	9893	5910	14442
平水年	下限	3990	3590	3720	5441	9230	15037	26123	22968	22173	17184	9250	5530	12020
	上限	4537	4150	4716	6967	13100	20600	34600	32100	29500	21029	12000	6622	15827
丰水年	下限	4200	3836	3956	6680	11500	17600	29800	28000	28400	20400	10400	5966	14228
	上限	4710	4240	5380	8170	14628	23400	38600	34600	35600	24700	12300	6720	17754

续表

水平年	1月	2月	3月	4月	5月	6月	7月	8月	9月	10月	11月	12月	年均
最大环境流量													
枯水年	5020	4544	5460	8067	14628	22600	38745	33881	30640	19700	10654	6543	16707
平水年	4997	4590	5525	8560	15600	24000	36900	35148	32957	23500	12800	7044	17635
丰水年	4990	4720	5660	9039	15600	26100	43100	49200	39200	26700	13400	7400	20426

表6-16　　　　　　　　　　汉口站河道内推荐环境流量　　　　　　　　单位：m³/s

水平年		1月	2月	3月	4月	5月	6月	7月	8月	9月	10月	11月	12月	年均
最小环境流量														
枯水年		6026	5802	6552	8849	16210	23330	30110	22770	16710	14730	11830	7229	14179
平水年		6332	6444	6934	12440	17980	22660	32720	28600	26820	21260	13260	8712	17014
丰水年		6908	6643	7393	12890	20310	25760	36860	33370	32140	19860	13390	8689	18685
适宜环境流量														
枯水年	下限	6420	6580	7640	12825	18575	25175	32900	26850	19225	19950	12875	7873	16407
枯水年	上限	8285	9013	11400	19000	25725	33450	41525	34275	30275	25950	15275	11350	22127
平水年	下限	7170	6910	7840	13600	20300	25200	40700	33500	29000	24500	15400	9600	19447
平水年	上限	9080	8990	12600	18700	28900	34500	47200	41100	38000	31200	20000	12800	25256
丰水年	下限	7173	7118	11875	15025	24525	30125	42225	37825	39700	26200	17300	10250	22445
丰水年	上限	10128	11025	14650	22025	33125	35775	57150	50200	49550	39350	23200	13300	29957
最大环境流量														
枯水年		8838	10950	16390	22440	29450	38560	44950	40550	41640	28910	19080	13970	26311
平水年		11000	11960	15740	21180	34960	37800	49340	45940	41260	33200	23920	13940	28353
丰水年		14250	12780	17430	24860	37840	41970	62940	66990	54540	44020	24190	16060	34823

表6-17　　　　　　　　　　大通站河道内推荐环境流量　　　　　　　　单位：m³/s

水平年		1月	2月	3月	4月	5月	6月	7月	8月	9月	10月	11月	12月	年均
最小环境流量														
枯水年		7372	7106	8760	13600	24060	29400	33360	26740	22440	17560	15960	9332	17974
平水年		8276	8472	10098	19920	24500	28760	41160	35540	29680	26260	15860	9852	21532
丰水年		8226	8490	11940	21140	32420	39440	44240	42940	34900	26280	19240	11540	25066
适宜环境流量														
枯水年	下限	7920	8620	11150	16950	24500	31300	36550	30305	27250	25550	16850	10145	20591
枯水年	上限	11450	12600	17261	23605	32558	39900	44400	38050	38200	32400	20854	13807	27090
平水年	下限	9110	9000	11600	21900	29100	33900	45300	38400	32600	28300	19600	12100	24243
平水年	上限	11400	13300	19600	27600	38100	42400	54500	47500	42600	36000	27000	18200	31517
丰水年	下限	9840	9910	16100	22800	34200	41750	49350	43300	39900	37550	23300	12700	28392
丰水年	上限	17150	15893	21000	29050	48400	51850	70050	58800	55600	47550	33050	18200	38883
最大环境流量														
枯水年		14500	16750	23840	25660	38380	48440	47660	45800	51720	37440	25180	16280	32638
平水年		12560	14180	21720	32140	44520	48500	61640	52940	46520	39520	29400	19880	35293
丰水年		21940	21260	29220	30700	50720	58200	75160	81360	68300	50852	35760	19680	45263

　　根据逐月频率法计算河道内环境流量结果表，宜昌站河道内环境流量过程图如图 6-9 所示，汉口站河道内环境流量过程图如图 6-10 所示，大通站河道内环境流量过程图如图 6-11 所示。

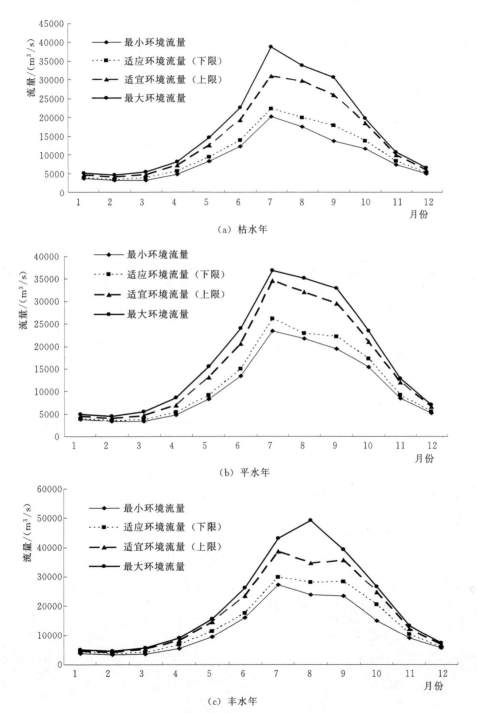

图 6-9　宜昌站各水平年推荐环境流量过程

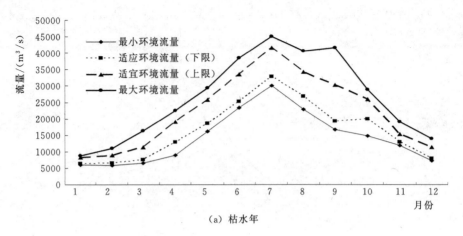

（a）枯水年

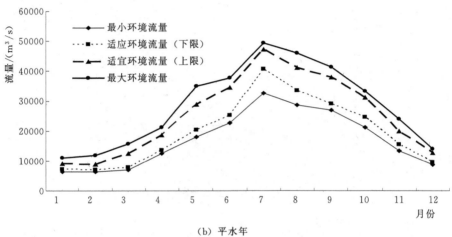

（b）平水年

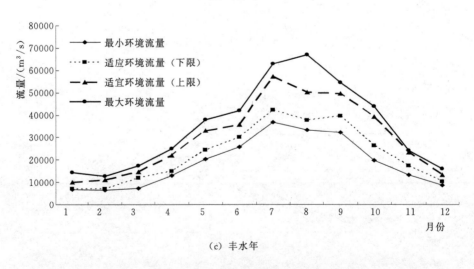

（c）丰水年

图 6-10 汉口站各水平年推荐环境流量过程

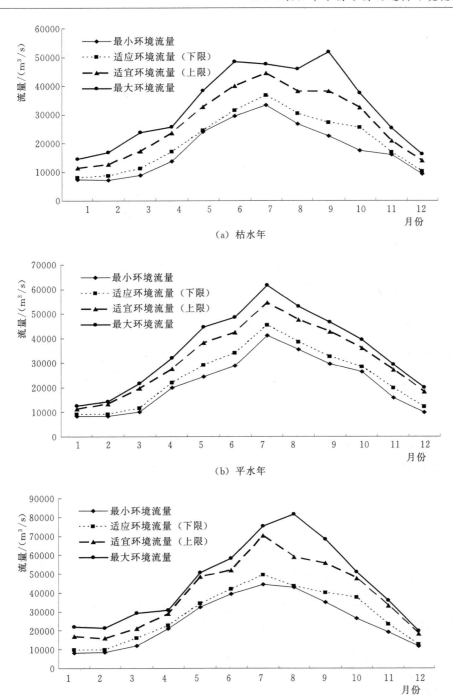

（a）枯水年

（b）平水年

（c）丰水年

图 6-11　大通站各水平年环境流量过程

6.3.4.2　IHA-RVA 法确定河道内环境流量

在分析 IHA-RVA 法基础上，可知该法包括水文指数计算和环境流量指数计算两部分，其中水文指数法包括 32 个计算指标；环境流量指数计算包括 5 大类 34 个计算指标。

各水文站水文指数和环境流量组成计算结果表见表6-18～表6-23。

表6-18　　　　　　　　　宜昌站水文指数计算结果表

水文指数分组	水文指标	单位	指数变化范围			RVA目标	
			均值	最小	最大	下限	上限
月平均流量	1月流量	m³/s	4331	3385	6218	3868	4794
	2月流量	m³/s	3957	3151	6279	3474	4440
	3月流量	m³/s	4461	3058	6681	3682	5241
	4月流量	m³/s	6713	3680	11810	5188	8238
	5月流量	m³/s	11800	6752	18420	9227	14380
	6月流量	m³/s	18630	9618	27990	14860	22400
	7月流量	m³/s	30060	16780	45420	23850	36280
	8月流量	m³/s	28080	12100	52170	21210	34950
	9月流量	m³/s	26320	12460	48530	19570	33060
	10月流量	m³/s	19200	10510	33180	15150	23250
	11月流量	m³/s	10380	6369	15160	8578	12180
	12月流量	m³/s	5982	3983	7595	5241	6724
年极值水文状况大小及历时	最小1日流量	m³/s	3541	2770	4870	3179	3904
	最小3日流量	m³/s	3561	2780	4933	3200	3922
	最小7日流量	m³/s	3606	2823	4990	3242	3970
	最小30日流量	m³/s	3786	2956	5410	3374	4198
	最小90日流量	m³/s	4228	3148	5832	3737	4718
	最大1日流量	m³/s	51270	29800	71100	42520	60010
	最大3日流量	m³/s	49370	28100	68030	40970	57760
	最大7日流量	m³/s	44880	27240	63710	37310	52460
	最大30日流量	m³/s	35710	21950	53490	29990	41430
	最大90日流量	m³/s	29000	17460	43030	24620	33380
	基流指数	—	0.2559	0.186	0.3731	0.2226	0.2892
年极值水文状况发生时间	最小流量日	d	54.18	20	366	33.88	74.49
	最大流量日	d	217	174	279	191.2	242.8
高、低流量脉冲的频率及历时	低脉冲数量	次	0.1901	0	5	0	0.924
	低脉冲历时	d	5.553	1	14	1	10.14
	高脉冲数量	次	5.421	2	11	3.516	7.327
	高脉冲历时	d	12.81	3.333	42.5	5.785	19.84
水流条件变化率及频率	涨幅率	m³/(s·d)	1325	836.9	1997	1094	1555
	降幅率	m³/(s·d)	−820.1	−1112	−585.2	−940.1	−700
	涨落次数	次	86.12	51	125	73.11	99.14

注　低脉冲临界值为3078m³/s，高脉冲临界值为25360m³/s。

表 6-19 宜昌站河道环境流量组成计算结果表

环境流量组成分类	水文指标	单位	指数变化范围			RVA目标	
			均值	最小	最大	下限	上限
最小流量	1月流量	m³/s	4393	3770	6218	3995	4791
	2月流量	m³/s	4196	3785	6279	3801	4590
	3月流量	m³/s	4673	3785	6681	4030	5316
	4月流量	m³/s	6566	4252	10750	5326	7806
	5月流量	m³/s	10480	6278	16350	8252	12720
	6月流量	m³/s	13640	7707	19880	10970	16320
	7月流量	m³/s	17510	11860	20650	15190	19830
	8月流量	m³/s	17670	9668	20800	15300	20040
	9月流量	m³/s	17690	12050	20800	15470	19910
	10月流量	m³/s	16350	9153	20800	13420	19280
	11月流量	m³/s	9390	6369	13390	7987	10790
	12月流量	m³/s	5982	4189	7595	5247	6716
极端最小流量	极小值流量	m³/s	3494	2870	3740	3306	3682
	历时	d	17.6	1	73	2.367	32.83
	出现时间	d	59.25	24	359	40.14	78.35
	频率	次	1.62	0	8	0.1	3.1
高流量脉冲	极大值流量	m³/s	27840	16600	40200	23100	32580
	历时	d	22.22	3.5	95	8.323	36.11
	出现时间	d	206.3	128.5	272.3	179.7	233
	频率	次	4.7	1	12	2.5	7
	上涨率	m³/(s·d)	2268	348	5200	1371	3166
	下降率	m³/(s·d)	−1457	−2724	−388	−1886	−1028
小洪水	极大值流量	m³/s	56490	51500	61800	53300	59680
	历时	d	55.92	25	125	33.32	78.52
	出现时间	d	209	182	260	190.6	227.4
	频率	次	0.438	0	2	0	0.9841
	上涨率	m³/(s·d)	2102	596.2	8250	381.3	3823
	下降率	m³/(s·d)	−1794	−5667	−408.7	−2839	−748.4
大洪水	极大值流量	m³/s	65680	61900	71100	62780	68580
	历时	d	67.75	18	137	26.16	109.3
	出现时间	d	220.9	197	250	202.5	239.4
	频率	次	0.1	0	1	0	0.4
	上涨率	m³/(s·d)	3038	888.5	10930	3404	6042
	下降率	m³/(s·d)	−1774	−3746	−441	−2905	−643.4

注 高流量脉冲下限临界值为10300m³/s，高流量脉冲上限临界值为20800m³/s，极端最小流量临界值为3740m³/s，
小洪水洪峰流量临界值为51500m³/s，大洪水洪峰流量临界值为61880m³/s。

表6-20　　　　　　　　　　　　　　　汉口站水文指数计算结果表

水文指数分组	水文指标	单位	指数变化范围			RVA目标	
			均值	最小	最大	下限	上限
月平均流量	1月流量	m³/s	8242	5975	14750	6434	10050
	2月流量	m³/s	8443	5320	13650	6508	10380
	3月流量	m³/s	10980	5891	18260	7828	14130
	4月流量	m³/s	16600	8271	25380	12800	20400
	5月流量	m³/s	24980	15450	39430	18930	31030
	6月流量	m³/s	30560	18480	43810	25150	35970
	7月流量	m³/s	42930	28980	63600	35300	50560
	8月流量	m³/s	37690	21260	67220	28530	46840
	9月流量	m³/s	34650	16230	56140	25330	43980
	10月流量	m³/s	27210	13760	45670	20770	33650
	11月流量	m³/s	17640	11500	25210	14000	21270
	12月流量	m³/s	10870	7044	17230	8731	13010
年极值水文状况大小及历时	最小1日流量	m³/s	6654	4840	9800	5613	7694
	最小3日流量	m³/s	6681	4870	9930	5630	7733
	最小7日流量	m³/s	6755	4904	10160	5675	7835
	最小30日流量	m³/s	7303	5201	10580	5981	8626
	最小90日流量	m³/s	9206	6189	14980	7299	11110
	最大1日流量	m³/s	54550	36400	75900	45660	63430
	最大3日流量	m³/s	54160	36100	74930	45390	62920
	最大7日流量	m³/s	52900	35060	73760	44350	61460
	最大30日流量	m³/s	47100	30830	67680	39440	54750
	最大90日流量	m³/s	40110	28230	60890	33780	46450
	基流指数	—	0.3002	0.2229	0.4887	0.2518	0.3486
年极值水文状况发生时间	最小流量日	d	32.29	1	366	8.273	56.32
	最大流量日	d	204.1	144	271	177.5	230.7
高、低流量脉冲的频率及历时	低脉冲数量	次	1.431	0	5	0.3683	2.494
	低脉冲历时	d	47.37	6	127	18.44	76.29
	高脉冲数量	次	2.804	1	6	1.477	4.131
	高脉冲历时	d	29.35	1	152	4.742	53.96
水流条件变化率及频率	涨幅率	m³/(s·d)	778.6	544.2	1195	640.1	917
	降幅率	m³/(s·d)	−517.1	−729.2	−371.2	−592.1	−442.2
	涨落次数	次	37.9	26	49	32.19	43.61

注　低脉冲临界值为9097m³/s，高脉冲临界值为36200m³/s。

表 6 - 21   汉口站河道环境流量组成计算结果表

环境流量组成分类	水文指标	单位	参数变化范围			RVA 目标	
			均值	最小	最大	下限	上限
最小流量	1 月流量	m³/s	8597	7020	14750	6988	10210
	2 月流量	m³/s	9092	7279	13650	7357	10830
	3 月流量	m³/s	11380	7486	18260	8514	14240
	4 月流量	m³/s	16230	8743	23660	13060	19400
	5 月流量	m³/s	22460	15450	30800	18760	26160
	6 月流量	m³/s	24620	17220	31400	21270	27970
	7 月流量	m³/s	28780	22950	31700	25870	31690
	8 月流量	m³/s	18850	15850	21850	14610	23100
	9 月流量	m³/s	19670	15170	25960	15980	23350
	10 月流量	m³/s	19560	13760	27390	16860	22260
	11 月流量	m³/s	16110	11500	20310	13730	18490
	12 月流量	m³/s	10900	7594	17230	8855	12940
极端最小流量	极小值流量	m³/s	6128	4840	7010	5532	6724
	历时	d	26.68	1	71	9.494	43.87
	出现时间	d	42.85	4	363	22.79	62.92
	频率	次	1	0	4	0	2
高流量脉冲	极大值流量	m³/s	44840	31300	54600	38710	50960
	历时	d	111	12	208	63	159
	出现时间	d	193	115	317	156	231
	频率	次	0.7	0	3	0	1.5
	上涨率	m³/(s·d)	829	251	3225	547	1510
	下降率	m³/(s·d)	−490	−1322	−128	−808	−172
小洪水	极大值流量	m³/s	59130	54700	66100	55590	62680
	历时	d	152	91	223	117.2	186.7
	出现时间	d	210	187	265	186	234
	频率	次	0.4	0	1	0	1
	上涨率	m³/(s·d)	670	205	1552	325	1075
	下降率	m³/(s·d)	−431	−920	−301	−595	−268
大洪水	极大值流量	m³/s	70960	68700	75900	68050	73870
	历时	d	151	132	197	125	177
	出现时间	d	221	204	237	206	237
	频率	次	0.1	0	1	0	0.4
	上涨率	m³/(s·d)	758	338	1504	298	1217
	下降率	m³/(s·d)	−728	−1372	−415	−1106	−351

注 高流量脉冲下限临界值为19800m³/s，高流量脉冲上限临界值为31800m³/s，极端最小流量临界值为7010m³/s，小洪水洪峰流量临界值为54700m³/s，大洪水洪峰流量临界值为68180m³/s。

表 6-22   大通站水文指数计算结果表

水文指数分组	水文指标	单位	指数变化范围			RVA目标	
			均值	最小	最大	下限	上限
月平均流量	1月流量	m³/s	11000	7313	24650	7893	14110
	2月流量	m³/s	11720	6735	22490	8422	15020
	3月流量	m³/s	15950	7985	32470	11020	20890
	4月流量	m³/s	24120	12820	39450	19030	29210
	5月流量	m³/s	33820	22640	51810	26450	41200
	6月流量	m³/s	40250	27190	59640	32700	47810
	7月流量	m³/s	50530	32750	75240	40460	60600
	8月流量	m³/s	44290	25940	84190	33480	55110
	9月流量	m³/s	40330	21590	70270	30400	50260
	10月流量	m³/s	33400	16610	51620	25990	40820
	11月流量	m³/s	23310	13210	35790	17780	28840
	12月流量	m³/s	14290	8309	23070	10890	17680
年极值水文状况大小及历时	最小1日流量	m³/s	8494	6300	12700	7152	9836
	最小3日流量	m³/s	8587	6330	12930	7217	9958
	最小7日流量	m³/s	8789	6421	13270	7358	10220
	最小30日流量	m³/s	9703	6722	14010	7867	11540
	最小90日流量	m³/s	12780	7798	22200	9829	15730
	最大1日流量	m³/s	59490	39300	91800	48710	70280
	最大3日流量	m³/s	59270	39130	91200	48550	69990
	最大7日流量	m³/s	58640	38740	89590	48080	69210
	最大30日流量	m³/s	54460	36310	84640	44810	64110
	最大90日流量	m³/s	47570	32910	77510	39140	56000
	基流指数	—	11000	7313	24650	7893	14110
年极值水文状况发生时间	最小流量日	d	0.3093	0.2412	0.5071	0.2576	0.361
	最大流量日	d	26.72	1	366	2.871	50.56
高、低流量脉冲的频率及历时	低脉冲数量	次	199.7	143	274	173	226.4
	低脉冲历时	d	1.774	0	5	0.6704	2.877
	高脉冲数量	次	47.59	1	124	15.71	79.47
	高脉冲历时	d	1.925	0	6	0.7022	3.147
水流条件变化率及频率	涨幅率	m³/(s·d)	38.25	4	112	11.16	65.35
	降幅率	m³/(s·d)	664.6	384.8	1459	483.4	845.9
	涨落次数	次	-498.6	-1018	-385.6	-603.6	-393.6

注 低脉冲临界值为 13280m³/s，高脉冲临界值为 44060m³/s。

表 6-23　　　　　　　　　　大通站河道环境流量组成计算结果表

环境流量组成分类	水文指标	单位	指数变化范围			RVA 目标	
			均值	最小	最大	下限	上限
最小流量	1 月流量	m³/s	11650	9230	24650	8817	14480
	2 月流量	m³/s	12450	9483	22490	9406	15500
	3 月流量	m³/s	16150	9591	25770	11970	20330
	4 月流量	m³/s	23520	12820	30950	19360	27680
	5 月流量	m³/s	30930	22640	39100	26240	35620
	6 月流量	m³/s	32440	24770	38580	28960	35910
	7 月流量	m³/s	35250	30510	38730	32230	38260
	8 月流量	m³/s	26420	25290	28020	24990	27840
	9 月流量	m³/s	24610	20110	29910	21410	27820
	10 月流量	m³/s	25650	16610	37500	21310	29990
	11 月流量	m³/s	21620	13210	33070	17690	25550
	12 月流量	m³/s	14460	9457	23070	11260	17660
极端最小流量	极小值流量	m³/s	8110	6300	9085	7334	8887
	历时	d	20.06	1	75	0.2047	39.91
	出现时间	d	33.16	18.5	366	12.69	53.63
	频率	次	1.34	0	5	0.1002	2.579
高流量脉冲	极大值流量	m³/s	49420	34500	59500	43100	55740
	历时	d	105.1	1	196	47.6	162.6
	出现时间	d	185.2	77	280	136.9	233.5
	频率	次	0.6981	0	3	0	1.447
	上涨率	m³/(s·d)	2500	103.7	19500	-2010	7010
	下降率	m³/(s·d)	-1740	-16000	-108.2	-5355	1875
小洪水	极大值流量	m³/s	64710	59600	72300	61310	68110
	历时	d	153.4	73	216	118.4	188.3
	出现时间	d	199.7	146	261	175.4	224.1
	频率	次	0.4151	0	1	0	0.9125
	上涨率	m³/(s·d)	935.7	211.3	3757	81.97	1789
	下降率	m³/(s·d)	-419.7	-1023	-181	-627	-212.5
大洪水	极大值流量	m³/s	81340	74500	91800	74160	88520
	历时	d	146.8	136	160	136.3	157.3
	出现时间	d	206	190	217	195.4	216.6
	频率	次	0.09434	0	1	0	0.3894
	上涨率	m³/(s·d)	819.9	610.5	1023	665.9	973.8
	下降率	m³/(s·d)	-585.5	-835.4	-404.2	-743.4	-427.5

注　高流量脉冲下限临界值为 27200m³/s，高流量脉冲上限临界值为 39800m³/s，极端最小流量临界值为 9130m³/s，小洪水洪峰流量临界值为 59600m³/s，大洪水洪峰流量临界值为 73620m³/s。

6.3.4.3　计算结果分析

本书采用两种不同的生态水文学方法逐月频率法和 IHA - RVA 法对三峡梯级水库下游河道内环境流量进行了研究，计算结果分为宜昌断面、汉口断面和大通断面 3 个断面。为了分析计算结果的合理性，本书参考 Tennant 法中环境流量的取值范围，对计算结果进行评价分析。

采用逐月频率法计算河道内环境流量考虑到水库生态调度的易操作性，综合考虑了丰水年、平水年、枯水年 3 个水平年，分别采用各月频率 10%、25%、75% 和 90% 划分流量作为最大、适宜和最小环境流量，根据分析宜昌站枯水期（1—3 月）3 个不同水平年的最小环境流量约占多年平均流量的 20%～30%，适宜环境流量约占多年平均流量的 25%～35%，最大环境流量约占 30%～40%，可见枯水期推荐环境流量能够达到较好生态条件，满足河流生态系统需要；平水期（4—6 月和 10—12 月）3 个不同水平年最小环境流量约占多年平均流量的 30%～120%，适宜环境流量约占多年平均流量的 40%～180%，最大环境流量约占 50%～180%，可见平水期推荐环境流量达到最佳生态条件，河流生境状况良好；丰水期（7—9 月）3 个不同水平年最小环境流量约占多年平均流量的 100%～200%，适宜环境流量约占多年平均流量的 120%～280%，最大环境流量约占 200%～350%，可见丰水期推荐环境流量达到最大生态条件，能够满足河流洪泛区及其湿地的生态需要，为鱼类洄游繁殖以及鸟类提供栖息地场所，同时也有利于植物的生长。

对于汉口站和大通站，分析方法与宜昌站类似，可知其推荐环境流量过程满足整个河流生态需求，可作为长江中下游河流生态系统的推荐环境流量，对于保护长江中下游河道、湿地以及河口生态系统健康具有重要意义。

此外，对于采用 IHA - RVA 法分别计算了宜昌、汉口和大通 3 站的三峡水库建库前水文指数变化情况以及环境流量指数变化情况，该方法其基本原理是以近天然水流情势为理论基础，将天然水流过程划分为极端最小、最小、高流量脉冲、小洪水和大洪水 5 种流量，描述了天然流量过程特征，其计算结果可以作为水库生态调度的目标，对于三峡水库开展生态调度研究具有较强的指导意义。

第7章 水电梯级开发影响下
长江鱼类生态保护措施

7.1 工程措施

7.1.1 修建过鱼工程措施

解决大坝阻隔鱼类洄游路径最直接有效的方法就是修建过鱼工程措施，过鱼工程措施的修建也早已盛行国内外。过鱼工程措施，简而言之即利用不同的水流流动诱导鱼类进入进鱼口，从而顺利到达大坝上游。但适宜的进鱼口水流流速控制和鱼类对诱导水流的识别，关乎到过鱼工程措施的设计水平。目前主要的过鱼工程措施有鱼道、鱼闸、升鱼机和集运鱼船等其他辅助措施。

鱼道的实施，鱼类可以连续过坝且有利于群体通过，不会伤害鱼体，运行时不易发生故障，但鱼道设计较长，总投资较大，耗水多，鱼类难以适应较大水位变幅；鱼闸运行时，鱼类可轻松通过，特别对于游泳能力差的鱼类最为合适，但鱼闸建设投资较大，还需修建多个上闸室以适应不同水位变化，运行费用和维护费用均较大；升鱼机与同水头鱼道相比，造价较省、占地小，便于在水利枢纽中布置，但其机械结构较为复杂，易发生故障，不能连续过鱼且数量有限，运行费用昂贵，还需要多人管理运行；集运鱼船运行方式机动灵活，能适应各种工况变化，可随时变换集鱼地点、随时调整补水诱鱼流速，可确保亲鱼定向游到上游产卵场，但其耗电量大，运行管理复杂，运行费用较高，且国内实施还不够完善，详细优缺点对比表可参见表7-1。

表7-1　　　　　　　　　　　过鱼工程措施优缺点对比表

过鱼措施	优点	缺点	原理
鱼道	过鱼可以连续进行、有利于群体过坝、对鱼体无伤害、不易发生故障	鱼道设计较长、投资大、耗水多、鱼类难以适应较大水位变幅	水库引出诱鱼水流，鱼槽（池）内设置边壁加糙件或隔板控制诱鱼流速，鱼类靠自身主动溯流，进入水库
鱼闸	鱼类过鱼闸时费力不大、对游泳能力差的鱼类尤为适用	建设投资较大、需修建多个上闸室适应水位变化、运行维护费用较大	由下水槽、闸室、上水槽三部分组成。利用上、下两座闸门调节闸室内水位变化过鱼
升鱼机	与同水头的鱼道相比造价较省、占地小、便于在水利枢纽中布置	机械结构复杂、易发生故障、不能连续过鱼且过鱼量有限、运行费用昂贵、需多人管理	由进鱼槽、竖井、出鱼槽三部分组成。进鱼槽口放水诱鱼，驱鱼入竖井，关闭竖井进口闸门并充水与上游平，启动升鱼栅提升鱼类至上游水位，开闸驱之

续表

过鱼措施	优点	缺点	原理
集运鱼船	方式机动灵活、适应各种工况、随时变换集鱼地点、随时调整补水诱鱼流速、可确保亲鱼定向游到上游产卵场	耗电量大、运行管理复杂、运行费用高	由拖动集鱼船、机动运鱼船、电力趋鱼装置和诱鱼补水泵等组成。将鱼诱集于集鱼船鱼舱内，与运鱼船靠接，将鱼趋入，运鱼船自航过坝，将亲鱼运至水库

综合对比，4 种过鱼工程措施各有优劣，但三峡工程和下游葛洲坝构成了一个长达 38km 的巨型梯级水库，修建鱼道时需要过长的溯游路线，因此需耗费巨大的水量和高额投资；三峡大坝自身修建有双线五级永久船闸和垂直升船机，葛洲坝修建有单级船闸，因此可在中华鲟从东海洄游时（4—6 月）借助三峡大坝和葛洲坝的通航建筑物到达上游，待幼鱼返回东海时（6—7 月）再用同样方式迁移，但中华鲟的洄游具体时间不容易掌控，需要借助于中国三峡集团中华鲟研究所（设立于 1982 年）的大量实时监测资料，且运行期间维护费用较大；集运鱼船虽方式灵活但也同样需要专门机构的监测数据且管理运行费用较高。相比之下目前保护中华鲟种群资源最有效的途径就是对新产卵场的维护和修复，使其能够与天然产卵场水文条件相近。

7.1.2　修建人工模拟产卵场

人工模拟产卵场一方面包括对现有产卵场的修复和保护，另一方面包括对产卵场的再建。

（1）通过各种监测结果表明，中华鲟现有产卵场的范围主要分布在长江中游葛洲坝至庙嘴之间 4km 的江段内，事实上，新产卵场的面积仅仅约为历史区域的 3%。对现有产卵场的修复和保护更显得迫在眉睫。查阅文献发现[63]，中华鲟产卵场适宜的地形条件是：产卵场上游水深较大且有急滩，场中存在深洼的漩涡区，下游是较为宽阔的卵、砾石浅滩；产卵场必然存在在河流转弯处，因此该河段必须有促使河流转向的峡谷、巨石或其他石梁延伸于江中。葛洲坝下西坝与该条件相比较发现，该处是适合中华鲟产卵的。因此，当务之急是依据上述条件选取合适的修复技术和方案对中华鲟现有产卵场进行修复和保护。

（2）通过对中华鲟适宜生态水文条件的分析和计算，可将中华鲟的"适宜生境"具体量化为水文、水力要素范围，并依据这些数据优化规划方案、调整设计参数等措施，以达到人工再造适宜产卵场的目的。

7.1.3　修建分层取水口

参照大量的国外研究经验，改善大型水库的下泄水体温度最简单有效的方式就是修建分层取水口。可根据利用不同高度的取水方式，向坝下河段进行水量下泄，取水方式大致可以分为：表层取水、底层取水、中层取水和各个层面综合取水方式。应根据中华鲟的洄游时间、产卵条件和孵化要求等因素，因时制宜地选取适宜的取水方式，以控制或改善泄水水温。可考虑在三峡大坝的不同高度修建取水口，并以中华鲟产卵繁殖各相关时期的适宜水温条件为参考指标，对三峡大坝下泄水量进行管理和控制。但该工程是否适用于三峡大坝，还需进一步研究。

7.2 非工程措施

7.2.1 人工增殖放流

人工增殖放流，即人工培育种鱼并辅助其产卵和孵化，再将鱼苗进行放流的增殖形式。有计划地开展人工增殖放流，是目前拯救濒危鱼种的最有效手段，起到增加种群数量、扩大种群规模、延续种群生命的作用。目前成功的范例也有很多，例如爵鱼、鲑鳟鱼类、"四大家鱼"的放流等。人工增殖放流的优点可以大致概括为以下 4 个方面：①人工增殖放流，可同时进行多种类鱼类资源的增殖；②实施地点不受限制，可对该河段的多个地点进行同时增殖放流；③人工增殖放流可以全面规划，统一部署，分阶段实施长远战略目标；④具有效果明显、可操作性强等优点[64]。我国对于中华鲟的人工增殖技术已在 20 世纪 90 年代末初见成效，适当地补充了中华鲟的种群数量，但增长值不大，每年人工放流的中华鲟数量还不到野生群体总数的 4%。为达到保护中华鲟野生资源的目的，人工增殖放流数量和规模还需进一步扩大。

7.2.2 实时监测

在修复和保护中华鲟个体的同时，还需加大对中华鲟现有产卵场水环境和种群资源的监测。要加强对中华鲟资源量（雌雄老幼组成、种群结构、数量等），以及种群动态、时空分布、水文要素、产卵场的分布与规模、产卵的时间和频次等的监测。希望能通过大众的力量将这一"老化石"长存于世。

7.3 管理措施

7.3.1 生态调度措施

根据对中华鲟产卵繁殖习性的分析得知，中华鲟的产卵必须在一定的水文条件下进行，因此产卵场的修复可以通过改变产卵场的水文条件来促进产卵和繁殖。依据前文分析研究的三峡水库蓄水后对坝下江段生态水文要素的变化，亦可以通过三峡水库合理调度的方式，对坝下江段产卵场内水文条件进行补偿，从而达到保护中华鲟产卵繁殖的目的。起初，务必要确定中华鲟产卵期内的生态水文目标值。

由于中华鲟产卵日具体水文监测数据欠缺，仅统计分析 1982—2006 年 25 年间共 42次产卵日水文要素资料，整理并计算了各水文要素的均值、标准差、变化范围以及适宜变化区间，其中流量的适宜范围应在 $8869 \sim 18171 \mathrm{m^3/s}$，流速应在 $0.97 \sim 1.57 \mathrm{m/s}$，水位应在 $42.11 \sim 45.54 \mathrm{m}$，水温应在 $17.54 \sim 19.74 ℃$，含沙量应在 $0.14 \sim 0.74 \mathrm{kg/m^3}$，具体特征值计算详见表 7-2。

分析宜昌站中华鲟产卵日水文条件基础上，针对三峡水库蓄水前的 10 月和 11 月水文变化特征进行定量分析，统计 1956—2011 年各水文要素指标，其中包括：流量、水位、水温、含沙量、流速，以各指标的平均值与标准差的和与差作为各个指标的生态水文目标。经计算可知，10 月流量的生态水文目标取值范围为 $12970 \sim 21003 \mathrm{m^3/s}$，流速为 1.35 ~

1.80m/s，水位为 41.20～49.13m，水温为 18.4～23.0℃，含沙量为 0.005～1.143kg/m³；11 月流量的生态水文目标取值范围为 7983～11522m³/s，流速为 0.85～1.15m/s，水位为 41.24～43.88m，水温为 15.4～18.0℃，含沙量为 0.096～0.481kg/m³，计算结果见表 7-3。

表 7-2　　　　　　　　　　中华鲟产卵日宜昌站生态水文特征值

特征值	水文要素				
	流量/(m³/s)	流速/(m/s)	水位/m	水温/℃	含沙量/(kg/m³)
均值	13520	1.27	43.83	18.6	0.44
标准差	4651	0.3	1.72	1.1	0.30
变化范围	6980～26500	0.78～2.01	40.36～47.93	15.8～20.8	0.09～1.32
适宜范围	8869～18171	0.97～1.57	42.11～45.54	17.54～19.74	0.14～0.74

表 7-3　　　　　　　　　　中华鲟产卵场 10—11 月生态水文目标

水文变量	10 月				11 月			
	均值	标准差	变化范围	生态水文目标	均值	标准差	变化范围	生态水文目标
流量/(m³/s)	16986	4017	8290～26619	12970～21003	9753	1770	6660～14300	7983～11522
流速/(m/s)	1.50	0.15	1.35～1.80	1.35～1.65	1.00	0.15	0.80～1.30	0.85～1.15
水位/m	45.44	1.76	41.20～49.13	43.68～47.20	42.56	1.32	39.95～45.31	41.24～43.88
水温/℃	20.1	1.1	18.0～23.0	19.0～21.2	16.7	1.3	14.5～20.2	15.4～18.0
含沙量/(kg/m³)	0.600	0.304	0.005～1.143	0.296～0.903	0.288	0.192	0.002～0.707	0.096～0.481

　　三峡水库的运行，改变了长江中下游的水文情势，同时也改变了中下游"四大家鱼"的产卵繁殖环境，经过对三峡工程上下游的长年监测观察可以发现，三峡工程蓄水后大坝上游的"四大家鱼"将在干流和支流回水区以上的河段形成新的产卵场进行产卵繁殖，产卵规模呈持续增大趋势。但是由于蓄水导致的流量水温含沙量等水文条件的变化，长江中下游的"四大家鱼"产卵量呈减少趋势。

　　通过以上对"四大家鱼"产卵繁殖期间各水文要素的分析可知，"四大家鱼"的产卵需要在一定的适宜水文条件内进行，因此我们应该通过改善产卵场的水文条件来促进"四大家鱼"的产卵繁殖做到以下 4 个方面：

　　（1）保证河道基本的生态需水量。"四大家鱼"以及河道内其他水生生物产卵繁殖活动均需要在适宜的流量下运行，故在考虑下游水库生态调度时，应考虑要维持水生生物需要的最基本的生态需水量。

　　（2）维持下游河道洪水脉冲。"四大家鱼"一般是在涨水后 0.5～2d 后开始产卵活动，可以通过调整三峡水库的调度方案，在"四大家鱼"产卵期间通过人工制造涨水和洪峰的方式来刺激"四大家鱼"的繁殖产卵活动。

　　（3）分层泄水，适当调节下泄流量的水温。"四大家鱼"的产卵活动需要适宜的水温条件，但由于长江水库的蓄水作用，下泄流量水温低于天然流量的水温，影响了"四大家鱼"的产卵繁殖，可通过增加表层水下泄的分层泄水的方式来减缓水温对家鱼产卵活动的影响。

（4）维持下游河道输沙平衡。含沙量是河流生态系统的重要非生物因子，由于水库蓄水对泥沙的拦截作用，造成下游水体泥沙减少，严重改变了河道的形态，同时改变了下游水生生物的生境条件，维持下游的水沙平衡将会在一定程度上减缓水库蓄水对下游水生生物的生境影响。

通过以上改变产卵期内的水文条件的方式来修复"四大家鱼"产卵场以保证"四大家鱼"赖以生存的生存环境，才能保证"四大家鱼"的持续发展乃至长江流域的可持续发展。

7.3.2　政府立法措施

政府部门可通过法律手段来规范人们的行为。一方面要立法禁渔和适度通航，另一方面要立法保护水质。同时还要加大宣传保护中华鲟和保护水质的力度。

（1）立法禁渔。虽然目前已建立了中华鲟保护区和保护站，每年抢救被误伤（被渔民误捕或被轮桨所伤）的中华鲟就近百尾，但不排除还有专门捕杀中华鲟的恶劣行为存在，所以需要政府用法律手段来对中华鲟的种群资源进行保护，也可设立奖励制度对严禁捕杀中华鲟行为进行举报和监督。

（2）立法保护水质。保护水环境的同时更要注重保护水质污染。大量的监测结果表明，被污染的水体环境对中华鲟的各个生长阶段均产生不利的影响，比如性腺发育不完全甚至不发育、亲鱼没有产卵行为发生、受精卵畸形以及幼鲟发生病变等影响中华鲟繁殖和生长的种种不利因素。水体环境的恶化，导致长江口幼鲟群体的栖息区域明显缩小，而长江口的幼鲟也因水质污染出现了肝癌病变。依据监测结果同时可以看出，中华鲟亲鱼的性别比例严重失调，雌性鲟鱼群体数量最高可达到雄性鲟鱼群体数量的5倍之多，雄性鲟鱼的精子活力也呈现出逐年降低的趋势，这些改变从根本上影响了中华鲟的产卵和繁殖，水体环境的常年污染是导致其发生的最直接原因。水质污染对中华鲟的一系列影响充分说明了改善水质的重要性和迫切性。

7.4　长江上游拟建水电工程鱼类生态保护措施

7.4.1　拟建梯级的直接影响分析

该研究河段梯级开发规划实施后，长江上游宜宾至重庆连续的天然河段将被大坝分割成多个河道性水库，对河流水生生态环境带来的最直接的影响是流量减小，泥沙沉降，进而改变鱼类的栖息地环境。

规划的梯级之间均完全衔接，实施后金沙江向家坝以下河段以及长江上游小南海坝址以上江段将全部渠化，各水库除了在汛期保持一定流速外，大部分时间将变成静水或缓流环境。除金沙江和长江干流外，规划区域内支流（横江、岷江、南广河、长宁河、永宁河、沱江、赤水河、綦江）的河口区受到蓄水的影响，也将呈现静水或缓流状态。同天然河流环境相比，水库环境的水流速变缓，水深变大，库水滞留时间有所增加，沉降作用加强，水中的悬浮物沉淀较快，入库水中的泥沙在库内沉积，减少了水体的含沙量和输沙量，各梯级的叠加作用使下游河段各级水库来水的泥沙含量较天然状况要低，使水体透明度进一步增大。

在宜宾至重庆江段分布有大量的鱼类产卵场、索饵场和越冬场。规划实施后，由于回水淹没和水文、地质条件改变，处于横江河口区至小南海江段约 145 个鱼类的"三场"均会受到不同程度的影响，占宜宾至重庆段鱼类"三场"总数的 85.3%。规划实施对鱼类栖息地的影响主要表现在以下 3 个方面：

（1）对鱼类产卵场的影响。产漂流性卵、在激流中产粘性卵和沉性卵的种类占到了工程影响区全部鱼类的 70% 以上。这些种类的繁殖活动与激流和粗糙底质密切相关。对于产沉粘性卵的鱼类来说，砾石或卵石的激流河滩是其产卵的基本环境要求，如鲱科、裂腹鱼亚科的种类主要在水流较急的滩上产卵。当水库蓄水后，流速减缓，原来的砾石或卵石底质被泥沙覆盖，水体的流态也会因为蓄水而变得均一化，滩、沱减少。它们在库区特别是近坝区域的产卵场将会消失，产卵场区域可能局限在库尾的小部分河段。对于产漂流性鱼卵的种类来说，水位上涨和流速加快是其产卵的必要水文条件，梯级建成后，自然的水文节律将受到水库的调度而发生改变，水文变化过程趋缓，处于工程影响区的产卵场的功能将受到较大的抑制。

（2）对鱼类索饵场的影响。长江上游鱼类主要以着生藻类和底栖无脊椎动物为食，其索饵场多在砾石滩的河段和宽谷河段缓流洄水地带。建库后，由于水深增大，流速减缓，着生藻类及鱼类喜食的蜉蝣目、毛翅目昆虫等数量将减少，原有的索饵场将遭到破坏，鱼类新的索饵场将主要局限在支流、库尾。水库的库湾、消落带虽然也能生长一些着生藻类和无脊椎动物，但由于长江上游鱼类并不喜好库区的静水至缓流条件，故很难形成新的索饵场。受此影响，原来河流中主要摄食着生藻类的鱼类，如白甲鱼属和裂腹鱼属的种类由于食物缺乏，其种群数量将会减少；原来河流中主要摄食底栖无脊椎动物的鱼类，如长鳍吻鮈、圆筒吻鮈等也因为索饵生境丧失造成资源量下降。

（3）对鱼类越冬场的影响。长江上游鱼类的越冬场通常在干流水体较深的"沱"或岩石缝隙中，支流中的部分鱼类冬季也会到干流中越冬。建库后，淹没区面积增加，库区中的深"沱"和库湾也相应增加，适宜鱼类越冬的区域也会相应增加。但由于泥沙沉积覆盖岩石缝隙，鱼类的越冬场的位置较目前会发生一定的变化。

7.4.2　金沙江下游梯级开发的叠加影响分析

金沙江下游梯级建成以后，由于水库的调节作用，长江上游江段的水位、流速和流量的周年变化幅度降低，河道的自然水位年内变化趋小，沿岸带消落区的范围变窄，减少了幼鱼的摄食和庇护场所，降低了它们对繁殖群体的补充能力。清水下泄，长江上游干流冲刷加剧，河床变迁，生物区系改变，底栖生物生物量下降，从而会影响到鱼类的摄食。

由于金沙江下游梯级库容较大，水体交换率相对较小，库区容易产生水温分层的现象，而大坝多采取底层取水，因此下游河道的水温也比原天然河道的水温降低。水库下泄的低温水，对鱼类直接影响是导致繁殖季节推迟、当年幼鱼的生长期缩短、生长速度减缓、个体变小等问题发生。

水库分层还会导致的水体垂直交换受阻，以及外源有机物在库区沉积，微生物的分解作用耗氧等原因，还可能导致库区底层出现缺氧甚至无氧的状况。进而引起水生生物分布的改变。此外，下泄水流气体过饱和、透明度增加等问题也会对鱼类的栖息产生直接或间接影响。

7.4.3 生态保护措施

基于本书对长江上游宜宾至重庆干流江段的生态水文特征及环境流量的分析及影响研究，结合鱼类产卵、繁殖与栖息的生态需求，建议采取以下生态调度措施：

（1）维持生态基流下泄。

（2）根据鱼类的繁殖生物学习性在鱼类的繁殖盛期（4—7月）安排5～6次人造洪峰以恢复部分鱼类产卵条件；在产卵期或枯水期通过泄水来提高流量，增加淹没，改善下游生境条件和提高洄游鱼类通过率。

（3）在满足防洪、发电、灌溉等兴利要求的前提下使梯级水库的泄流过程尽量模拟天然情势的波动形式。

除了采取生态调度方面的措施，在梯级开发过程中还需要一系列的工程措施和非工程措施来降低梯级开发对鱼类的直接影响，在对国内外河流开发中其珍稀、特有鱼类的保护方案与战略、保护措施建设情况及运行效果进行深入分析的基础上，针对规划拟建梯级的工程特性、鱼类生态习性等，对该研究江段的鱼类保护措施提出以下几方面建议：

（1）结合拟建项目工程实际情况，建议采取以建设仿生态通道为主，同时采用集鱼平台与网捕过坝等多种手段相结合的方式，促进鱼类的上下交流。综合过鱼设施的主要过鱼对象为达氏鲟和胭脂鱼这两种珍稀鱼类，还有圆口铜鱼、圆筒吻鮈、长鳍吻鮈、异鳔鳅鮀、长薄鳅、双斑副沙鳅、中华金沙、红唇薄鳅等特有鱼类，以及"四大家鱼"和铜鱼等重要经济鱼类。由于长江径流量大，鱼类组成复杂，采取仿自然通道过鱼设施建设作为主要补救措施，是否能够满足多种不同生活习性的鱼类顺利通过的需要，须经严谨的论证和科学实验。鉴于国内已有过鱼设施均未达到理想效果，工程可研阶段须对已建成鱼道无效的具体原因进行调查，明确其成因并在后期工作中开展针对性的设计。

（2）对不同鱼类的各生活史阶段的生境需求进行分析，结合生境现状调查，筛选适宜人工恢复的河段与恢复措施，提出栖息地保护与人工恢复目标。

（3）人工模拟产卵场应重点考虑受工程影响重大的、丧失原有产卵条件的鱼类，包括珍稀鱼类：达氏鲟、胭脂鱼，特有鱼类：圆口铜鱼、长鳍吻鮈、圆筒吻鮈、异鳔鳅鮀、长薄鳅、双斑副沙鳅和中华金沙鳅，经济鱼类："四大家鱼"和铜鱼等。

（4）主要支流中，仅赤水河干流维持了相对较好的生境状况，干流暂没有水电规划和建设，其余8条支流的干流开发强度较大。从目前河流连通性、水质状况、生境状况等考虑，推荐赤水河开展进一步深入研究作为替代生境在一定程度上补偿项目不利影响的可行性。

（5）现有的禁渔期制度不足以保护保护区内的珍稀特有鱼类，应加快实施渔民转产转业上岸，使捕捞完全退出保护区。

（6）近期增殖放流的目标主要考虑目前人工繁殖技术比较成熟的鱼类，主要达氏鲟、胭脂鱼、岩原鲤、长薄鳅、厚颌鲂、"四大家鱼"、中华倒刺鲃、白甲鱼等。加强圆口铜鱼、长鳍吻鮈、圆筒吻鮈等的人工繁殖研究，作为增殖放流的长期目标。对所有放流鱼类进行标志，并对放流效果进行评估。

（7）已建和在建的长江流域水利工程项目的长期叠加效应，已经或将要对鱼类资源造成深远的影响。为实现人水和谐，达到资源可持续利用的目的，建议建立长江上游水生生物保护生态补偿的长效机制，尽可能减缓工程建设对鱼类资源保护所造成不利影响。

（8）向家坝、溪洛渡和三峡水库的蓄水运行后，宜宾到重庆段的鱼类群落仍处于演替发展的过程之中，需进一步加强长江上游宜宾至重庆段渔业资源变动规律的监测与研究，在工程保护措施中针对性明确。

（9）加强现阶段提出的各种鱼类保护措施的细化研究，依据工程不利影响的程度，进一步遴选保护对象，并对栖息地保护、人工增殖放流等的保护措施进行细化，使之具有可操作性。

第8章 结论与展望

8.1 结论

本研究以长江干流水电梯级开发为背景，开展筑坝河流生态水文效应评估，分析水电梯级开发影响下长江干流生态水文情势变化情况，并对长江干流河道内环境流量进行分析，提出了长江河道鱼类生态保护措施与建议，主要成果如下。

8.1.1 长江上游生态水文效应评估及其影响

选取长江上游屏山站和寸滩站流量与泥沙数据长序列资料，运用小波分析方法，计算分析屏山站1996年以后流量处于持续下降趋势，2001年以后输沙率出现明显的减小趋势，寸滩站流量呈现出整体下降的趋势，1985年以后出现快速持续减小。屏山站年均流量序列在尺度6年、18年、29年左右时的小波方差最为显著，寸滩站年均流量存在4个主周期分别为6年、13年、18年、29年，说明这些尺度下的丰枯交替周期及突变代表了流量在整个时间域上的变化特征。屏山站、寸滩站年均输沙率序列同样是较大尺度下嵌套着小尺度变化，屏山站输沙率具有9年、13年、19年和28年的时间尺度周期变化，其中19年周期震荡最强，寸滩站具有28年的大尺度周期，此外还有5年、13年的时间尺度周期变化。

基于长江上游宜宾至重庆区间干流江段代表性鱼类生长、繁殖和产卵对水流和泥沙的生态需求，结合天然水流情势特征和水沙情势变化特征分析结果，从水沙角度定性分析长江上游水沙情势变化对鱼类的影响，其中河流水流情势变化对鱼类的主要影响是河流年均流量减少，可能影响鱼类栖息地质量，但是河流天然月平均流量年内丰平枯变化特征基本满足长江上游鱼类的生长周期规律，河流泥沙变化对鱼类的主要影响是年均输沙率减少，泥沙运输能力下降，可能引起泥沙淤积造成鱼类栖息地质量退化。

8.1.2 长江中下游生态水文效应评估及其影响

采用线性倾向估计法、Mann-Kendall非参数秩次相关检验法对三峡水库下游宜昌站1956—2011年共56年的流量、水温、含沙量水文序列趋势性演变进行对比性分析，得出：三峡水库下游江段的枯水期（1—4月）流量呈整体上升趋势，其余月份均为下降趋势；秋、冬、早春季节内的水温表现为显著性上升趋势，3—7月表现为下降趋势；而含沙量在全年中均表现为显著的下降趋势。

依据筑坝对下游河流水文要素年际的改变，分析出三峡和葛洲坝水利枢纽的建设对河流的天然状态改变较大，且三峡工程的影响程度更深。三峡和葛洲坝工程的建设，减少了坝下江段汛期流量，抬高了枯水期的江内水位；"滞温、滞冷"现象的发生在一定程度上影响了水生生物的生活环境；拦沙作用的显著发生，大大降低了坝下江段含沙量，制约了河流的输沙能力。

通过统计 1982—2011 年中华鲟产卵时间、次数、规模、受精率的历史产卵资料，分析出三峡水库蓄水运行改变下游水文要素的同时导致中华鲟出现了产卵时间推迟、产卵次数减少、产卵规模缩小和受精率降低的现象。通过对三峡水库建设前后"四大家鱼"鱼苗监测资料，三峡水库蓄水后，三峡水库坝下"四大家鱼"产卵场的数量及里程都在日益减少，"四大家鱼"产卵繁殖活动时间也显示出了明显的推迟，"四大家鱼"中各类所占比例发生了很大改变，青鱼和草鱼的比例发生了明显变化，呈显著下降趋势，鲢鱼成为"四大家鱼"中占最高比例的鱼类。

8.1.3　长江干流河道内环境流量综合评估

本研究分别采用 IHA－RVA 法和逐月频率分析法，分别计算了长江上游与中下游河道内环境流量。为体现出水文过程的丰平枯变化特征，按照频率小于 25％、25％～75％之间和大于 75％，根据年均流量系列和多年月均流量序列进行典型水平年划分和年内水文分期，采用逐月频率法分别计算最小、最大和适宜环境流量作为推荐河道内环境流量，并与 Tennant 法计算结果进行对比分析，认为推荐环境流量过程满足整个河流生态需求，可作为长江河流生态系统的推荐环境流量。

采用 IHA－RVA 法分别计算屏山站、寸滩站、宜昌站、汉口站和大通站 34 个环境流量组成指标，5 种环境流量模式概括了天然水流过程可能存在的基本流量模式的基本特征，其生态意义包含了对鱼类生境条件的需求，将 5 种环境流量组成指标的 RVA 阈值作为水库生态调度的目标，为建立鱼类保护措施提供参考。

8.1.4　长江干流鱼类生态保护措施

针对梯级开发规划对鱼类可能带来的影响，提出鱼类保护措施，主要包括水库的生态调度、建设综合过鱼设施、珍稀特有鱼类的人工增殖放流、替代生境、栖息地保护与重建、实现渔民转产转业、建立长江上游鱼类多样性保护的长效机制、加强遗传多样性研究以及关键栖息地保护与人工恢复目标研究，对长江上游典型江段禁止采砂等，并定期开展鱼类保护措施的效果评价，通过监测结果评估鱼类保护措施的有效性，依据监测结果进行鱼类保护措施调整。

8.2　展望

河流梯级开发对鱼类的影响是复杂的、缓慢的，具有长期潜在性，从规划、论证、实施到水库的运行，河流生态系统是处于不断发展和变化中，鱼类的适应性也会慢慢改变，限于数据、资料等的缺乏，本研究认为在以下几个方面还需要进一步深入研究：

（1）水利工程对河流生态系统的影响作用是长期而缓慢的，仅仅从水文角度进行分析还不够，还需要长期的河流水文、水力、河流地貌的资料和数据来进行更加全面的分析。

（2）由于缺乏鱼类的详细资料，本文仅是定性分析了水沙情势变化对鱼类的影响，未定量出鱼类重点保护对象的生态需求及其适宜栖息地变化范围，建立起鱼类保护对象与流量之间的关系、确定满足鱼类生态需求的河道内环境流量需要更深入的研究。

参 考 文 献

［1］　朱党生. 河流开发与流域生态安全［M］. 北京：中国水利水电出版社，2012.

［2］　赵纯厚，周振宏，朱端庄，等. 世界江河大坝［M］. 北京：水利电力出版社，1992.

［3］　董哲仁. 水利工程对生态系统的胁迫［J］. 水利水电技术，2003，34（7）：1-5.

［4］　常剑波，陈永柏，高勇，等. 水利水电工程对鱼类的影响及减缓对策［A］//水利水电开发项目生态环境保护研究与实践［C］. 北京：中国环境科学出版社，2006：685-696.

［5］　朱瑶. 大坝对鱼类栖息地的影响及评价方法述评［J］. 中国水利水电科学研究院学报，2005，3（2）：100-103.

［6］　张东亚. 水利水电工程对鱼类的影响及保护措施［J］. 水资源保护，2011，27（5）：75-77.

［7］　龚昱田，王翔，陈锋，等. 梯级开发鱼类洄游通道恢复决策支持系统构建——以湘江干流梯级开发为例［J］. 水生态学杂志，2013，34（4）：43-52.

［8］　余海英. 长江上游珍稀、特有鱼类国家级自然保护区浮游植物和浮游动物种类分布和数量研究［D］. 重庆：西南大学，2008.

［9］　彭国涛. 水能梯级开发对流域生态系统的影响［J］. 科技创新导报，2002，（19）：133.

［10］　郑守仁. 我国水能资源开发利用及环境与生态保护问题探讨［J］. 中国工程科学，2006，8（6）：1-5.

［11］　王波，黄薇，杨丽虎. 梯级水电开发对水生境累积影响的方法研究［J］. 中国农村水利水电，2007，（4）：127-130

［12］　苏飞. 河流生态需水计算模式及应用研究［D］. 南京：河海大学，2005.

［13］　李陈. 长江上游梯级水电开发对鱼类生物多样性影响的初探［D］. 武汉：华中科技大学，2012.

［14］　Huet M. Biologie. profiles en travers des eaux courantes［J］. Bull. Fr. Piscicul，1954，175：41-53.

［15］　Vannote，R L，Minshall，G W，Cumminus，K W，et al. The river continuum concept［J］. Canadian Journal of Fisheries and Aquatic Science，1980，37：130-137.

［16］　Ward，J V，Stanford，J A. The serial discontinuity concept of lotic ecosystems［A］//In Dynamics of Lotic Ecosystems［C］. Ann Arbor：Ann Arbor Science Publishers，1983.

［17］　Frissel C A，Liss W J，Warren C E，et al. A hierarchical framework for stream habitat classification：Viewi watershed context［J］. Environmental Management，1986，10：199-214.

［18］　Junk，W J，Bayley，P B，Sparks，R E. The flood pulse concept in river-floodplain systems［J］. Canadian Special Publications in Fisheries and Aquatic Sciences，1989，106：110-127.

［19］　Ward，J V. The four-dimensional nature of lotic ecosystems［J］. Journal of the North American Benthological Society，1989，8（1）：2-8.

［20］　Poff N L，Allan J D，Bain M B，et al. The Natural flow regime：A paradigm for river conservation and restoration［J］. Bioscience，1997，47：769-784.

［21］　董哲仁. 河流生态系统研究的理论框架［J］. 水利学报，2009，40（2）：129-137.

［22］　Elwood，J W，Newbold，J D，O'Neil，R V，et al. Resource spiraling：an operational paradigmfor analyzing lotic ecosystems［A］//In Dynamics of Lotic Ecosystems［C］. Ann Arbor：Ann Arbor Science Publishers，1983，3-27.

［23］　Statzner，B，Higler，B. Stream hydraulics as a major determinant of benthic invertebrate zonation patterns［J］. Freshwater Biology，1986，16：127-139.

［24］　Thorp，J H，Delong，M D. The riverine productivity model：an heuristic view of carbon sources and organic processing in large river ecosystems [J]. Oikos，1994，70：305-308.

[25] Schiemer F. Keckeis H. "The inshore retention concept" and its significance for large river [J]. Arch. Hydrobiol. Sppl，2001，12 (2-4)：509-516.

[26] 周怀东，彭文启. 水污染与水环境修复 [M]. 北京：化学工业出版社，2005.

[27] 董哲仁. 河流生态系统结构功能模型研究 [J]. 水生态学杂志，2008，1 (1)：1-7.

[28] 桑燕芳，王中根，刘昌明. 水文时间序列分析方法研究进展 [J]. 地理科学进展，2013，32 (1)：20-30.

[29] Gaucherel C. Use of wavelet transform for temporal characterization of remote watersheds. Journal of Hydrology，2002，269 (3-4)：101-121.

[30] Nakken M. Wavelet analysis of rainfall-runoff variability isolating climatic from anthropogenic patterns. Environmental Modeling & Software，1999，14 (4)：283-295.

[31] 陈杰，秦毅，李怀恩，等. 小波方法在水资源趋势分析中的能力检验 [J]. 中国水能及电气化，2011，79 (8)：14-22.

[32] 姚阿漫，李文宾. 基于小波分析的石羊河流域径流量的变化趋势 [J]. 地下水，2013，35 (4)：118-119，148.

[33] 桑燕芳，王栋，吴吉春. 水文序列噪声成分小波特性的揭示与描述 [J]. 南京大学学报，2010，46 (6)：643-653.

[34] 李正最，谢悦波，徐冬梅. 洞庭湖水沙变化分析及影响初探 [J]. 水文，2011，31 (1)：40，45-53.

[35] 李艳玲，畅建霞. 基于 Morlet 小波的径流突变检测 [J]. 西安理工大学学报，2012，28 (3)：322-325

[36] 吴创收，杨世伦，黄世昌，等. 1954—2011 年间珠江入海水沙通量变化的多尺度分析 [J]. 地理学报，2014，69 (3)：422-432.

[37] 丁文荣，周跃，吕喜玺. 河流输沙率变化规律研究：小波分析在红河支流盘龙河的应用 [J]. 科学通报，2007，52：148-154.

[38] 姜世中，梁川. 龙川江年输沙率时间序列的小波特征 [J]. 哈尔滨工业大学学报，2009，41 (11)：197-200.

[39] 汤洁，佘孝云，林年丰，麻素挺. 生态环境需水的理论和方法研究进展 [J]. 地理科学，2005，25 (3)：367-373.

[40] Dyson M，Bergkamp G，Scanlon J. 2003. Flow：The essential of environmental flow [M]. Gland：IUCN：6-7，25-30.

[41] 马晓超. 基于生态水文特征的渭河中下游生态环境需水量研究 [D]. 陕西杨凌：西北农林科技大学，2013.

[42] 丰华丽，王超，李剑超. 河流生态与环境用水研究进展 [J]. 河海大学学报，2002，5：19-23.

[43] 桑连海，陈西庆，黄薇. 河流环境流量法研究进展 [J]. 水科学进展，2006，17 (5)：754-760.

[44] He Chen. Assessment of hydrological alterations from 1961 to 2000 in the Yarlung Zangbo River, Tibet [J]. Ecohydrology & Hydrobiology，2012，12 (2)：93-103.

[45] 张强，崔瑛，陈晓宏，陈永勤. 基于水利工程影响下的东江流域河流生态径流估算 [J]. 珠江现代建设，2012，(165)：1-9，28.

[46] 李捷，夏自强，马广慧，郭利丹. 河流生态径流计算的逐月频率计算法 [J]. 生态学报，2007，27 (7)：2916-2921.

[47] 夏自强，姜翠玲，陈喜，等. 贯彻实施水法暨长江治理开发战略研讨会 [M]. 武汉：研讨会组委会，2003：364-372.

[48] 王东胜，谭红武. 人类活动对河流生态系统的影响 [J]. 科学技术与工程，2004 (4)：299-302.

[49] 周世春. 美国哥伦比亚河流域下游鱼类保护工程、拆坝之争及思考 [J]. 水电站设计, 2007, 23 (3): 21 - 26.

[50] Ward, J. V. & Stanford, J. A. The ecology of regulated streams [M]. New York, USA: Plenum Press, 1979.

[51] Poff, N. L, and Ward, J. V. Physical habitat template of lotic systems: Recovery in the context of historical Patterns of spatiotemporal heterogeneity [J]. Environmental Management, 1990, 14: 629 - 645.

[52] Yang M D, Merry C J, Sykes R M. Integration of water quality modeling, remote sensing and GIS [J]. Water Resource, 1999, (35): 253 - 263.

[53] 姚维科, 崔保山, 刘杰, 等. 大坝的生态效应: 概念、研究热点及展望 [J]. 生态学杂志, 2006, 25 (4): 428 - 434.

[54] Poff N L, Hart D D. How dams vary and why it matters for the emerging science of dam removal [J]. Bioscience, 2002, 52 (8): 659 - 668.

[55] Petts G. E. Longterm consequences of upstream impoundment [J]. Environmental Conservation: 1980, (4): 325 - 332.

[56] Berkam P. G, McCartney, M. Dugan, p, et al. 2000. Dams, ecosystem functions and environmental restoration, Thematic Review 11. 1Prepared as an input to the World Commission on Dams, CaPe Town [OL]. www. dams. org.

[57] 郭文献. 基于河流健康水库生态调度模式研究 [D]. 南京: 河海大学, 2008.

[58] 余志堂, 邓中粦, 许蕴玕. 丹江口水利枢纽兴建以后的汉江鱼类资源 [A] //中国鱼类学会编辑. 鱼类学论文集 [C]. 北京: 科学出版社, 1981, 77 - 96.

[59] 常剑波. 长江中华鲟产卵群体结构和资源变动 [D]. 武汉: 中国科学院水生生物研究所, 1999.

[60] 张春光, 赵亚辉. 长江胭脂鱼的洄游问题及水利工程对其资源的影响 [J]. 动物学报, 2001, 47 (5): 518 - 521.

[61] 孙宗凤, 董增川. 水利工程的生态效应分析 [J]. 水利水电技术, 2004, 35 (4): 5 - 8.

[62] 毛战坡, 王雨春, 彭文启, 等. 筑坝对河流生态系统影响研究进展 [J]. 水科学进展, 2005, 16 (1): 134 - 140.

[63] 姚维科, 崔保山, 刘杰, 等. 大坝的生态效应: 概念、研究热点及展望 [J]. 生态学杂志, 2006, 25 (4): 428 - 434.

[64] 马颖. 长江生态系统对大型水利工程的水文水力学响应研究 [D]. 南京: 河海大学, 2007.

[65] 郭文献, 王鸿翔, 徐建新, 等. 三峡梯级水库对长江中下游水文情势影响研究 [J]. 中国农村水利水电, 2009 (12): 7 - 10.

[66] 陈栋为, 陈晓宏, 李翀, 等. 基于RVA法的水利工程对河流水文情势改变的累积效应研究 [J]. 水文, 2011, 31 (2): 54 - 57.

[67] 张鑫, 丁志宏, 谢国权, 等. 水库运用对河流水文情势影响的IHA法评价 [J]. 水利与建筑工程学报, 2012, 10 (2): 79 - 83.

[68] 巩琳琳, 黄强, 孙清刚, 等. 刘家峡水库调度方式对黄河上游水文情势的影响 [J]. 干旱区资源与环境, 2013, 27 (2): 143 - 148.

[69] 郭文献, 夏自强. 长江中下游河道生态流量研究 [J]. 水利学报 (增), 2007, 10: 619 - 623.

[70] 徐建新, 党晓菲, 肖伟华. 长江上游 (宜宾至重庆段) 梯级开发规划对鱼类的影响及保护措施研究 [J]. 华北水利水电大学学报, 2015, 35 (6): 1 - 5.

[71] M. P. 麦卡内, 等. 减轻水坝环境影响的泄洪调度方法 [J]. 水利水电快报, 2002, 23 (2), 1 - 4.

[72] 樊健. 河流生态径流确定方法研究 [D]. 南京: 河海大学硕士学位论文, 2006.

[73] 李海涛, 许学工, 肖笃宁. 天山北坡中段自然生态系统服务功能价值研究 [J]. 生态学杂志,

2005, 24 (5): 488 - 492.

[74] 贾金生, 袁玉兰, 郑璀莹, 等. 中国 2008 水库大坝统计、技术进展与关注的问题简论 [J]. 中国大坝协会秘书处, 2008.

[75] Tharme, R E. A global perspective on environmental flow assessment: emerging trends in the development and application of environmental flow methodologies for rivers [J]. River Research and Applications, 2003, 19 (5): 397 - 441.

[76] 贾敬德. 长江渔业生态环境变化的影响因素 [J]. 中国水产科学, 1996, 6 (2): 112 - 114.

[77] 秦卫华, 刘鲁君, 徐网谷, 等. 小南海水利工程对长江上游珍稀特有鱼类自然保护区生态影响预测 [J]. 生态与农村环境学报, 2008, (4): 23 - 26.

[78] 朱江译, 贾志云. 淡水生物多样性危机 [J]. 世界自然保护联盟通讯 (IUCU), 1999, (4): 3 - 4.

[79] 彭秀华. 大坝运行对中华鲟自然繁殖影响及修复措施研究 [D]. 湖北宜昌: 三峡大学, 2013.

[80] 刘建康. 高级水生生物学 [M]. 北京: 科学出版社, 2000.

[81] 张德骅. 国外拦河筑坝对鱼类的影响及对策 [J]. 水力发电, 1989, 03: 61 - 64.

[82] 于国荣. 大坝工程对河流水文水力过程的影响研究 [D]. 南京: 河海大学, 2007.

[83] 戴群英. 水库库区及下游河道水温预测研究 [D]. 南京: 河海大学, 2006.

[84] 李倩. 长江上游保护区干流鱼类栖息地地貌及水文特征研究 [D]. 北京: 中国水利水电科学研究院, 2013.

[85] P Kunar, E Foufoula Georgiou. Energy decomposition of spatial rainfall fields 1. Segregution of Large and Small Scale features using Wavelet transforms [J]. Water Resources Research, 1993, 29 (8): 2515 - 2532.

[86] Venckp V E. Energy decomposition of rainfall in the time - frequency - scale domain using wavelet packets [J]. Journal of Hydrology, 1996, 187: 3 - 27.

[87] 李俊伟. 基于小波变换的韩江年径流多时间尺度演变特征分析 [J]. 广东水利水电, 2014 (4): 5 -7, 10.

[88] Richter, B D, Baumgartner, J V, Powell, J, et al. A method for assessing hydrologic alteration within ecosystems [J]. Conservation Biology, 1996, 10 (4): 1163 - 1174.

[89] Richter B D. How much water does a river need? [J]. Freshwater Biology, 1997, 37 (2): 231 -249.

[90] Richter, B D, Baumgartner, J V, Braun, D P, et al. A spatial assessment of hydrologic alteration within a river network [J]. Regulated Rivers: Research & Management, 1998, 14: 329 - 340.

[91] 黄云燕. 水库生态调度方法研究 [D]. 武汉: 华中科技大学, 2008.

[92] 杨宇. 中华鲟葛洲坝栖息地水力特性研究 [D]. 南京: 河海大学, 2007.

[93] Ke F. E, Wei Q. W, Zhang G. L, Hu D. G, Luo J. D, Zhuang P. Investigations on the structure of spawning population of Chinese sturgeon and the estimate of its stock. Freshwater Fish. China. 1992, (4): 7 - 11.

[94] 李世原. 基于 Fisher 判别法的化工过程故障诊断算法研究 [D]. 兰州: 兰州理工大学, 2011.

[95] 何晓群. 现代统计分析方法与应用 [M]. 北京: 中国人民大学出版社, 1998, 319 - 348.

[96] 宇传华. SPSS 与统计分析 [M]. 北京: 电子工业出版社, 2007.

[97] Herbert W. Marshand Miehael Bailey. Multidimensional Students' Evaluations of Teaehing Effectivenss [J]. The Journal of Higher Education, 1993, 64 (1): 1 - 3.

[98] 杨德国, 危起伟, 陈细华, 等. 葛洲坝下游中华鲟产卵场的水文状况及其与繁殖活动的关系 [J]. 生态学报, 2007, 03: 862 - 869.

[99] 班璇, 李大美. 大型水利工程对中华鲟生态水文学特征的影响 [J]. 武汉大学学报 (工学版), 2007, 03: 10 - 13.

[100] 危起伟. 中华鲟繁殖行为生态学与资源评估 [D]. 北京: 中国科学院水生生物研究所, 2003.